高职高专规划教材

无机及分析化学实验

林立君　贺　君　主　编
苑庆山　李　磊　副主编

中国石化出版社

内容提要

本书是无机及分析化学实验课程改革教材。是根据无机及分析化学实验的教学要求，考虑当前学生的基础、专业设置、仪器设备及就业需求等情况，围绕内容具有“应用性、实用性、适用性”的原则，并以突出对学生综合实验能力培养为目标，注重启发学生通过实验加深对理论知识的理解和升华，编写而成。

全书由化学实验基本常识、化学基本操作、常见分析仪器结构及使用、无机化学实验、分析化学实验、仪器分析实验及附录七大部分组成，实验内容包含一般性操作实验、测定性实验、验证性实验、演示实验、综合设计实验等不同类型实验。

本书可供高等院校化学、化工、轻工、环境、材料、食品等相关专业专科及高职学生使用，也可供从事分析、检疫工作的科技人员及化学实验室工作人员参考。

图书在版编目(CIP)数据

无机及分析化学实验 / 林立君，贺君主编. —北京：中国石化出版社，2016.8
高职高专规划教材
ISBN 978-7-5114-4226-0

Ⅰ.①无… Ⅱ.①林… ②贺… Ⅲ.①无机化学-化学实验-高等职业教育-教材②分析化学-化学实验-高等职业教育-教材 Ⅳ.①O61-33 ②O652.1

中国版本图书馆 CIP 数据核字(2016)第 165417 号

中国石化出版社出版发行

地址:北京市东城区安定门外大街 58 号
邮编:100011　电话:(010)84271850
读者服务部电话:(010)84289974
http://www.sinopec-press.com
E-mail:press@sinopec.com
北京富泰印刷有限责任公司印刷
全国各地新华书店经销
*
787×1092 毫米 16 开本 10.75 印张 215 千字
2016 年 8 月第 1 版　2016 年 8 月第 1 次印刷
定价:25.00 元

前　　言

无机化学和分析化学是两门重要的基础理论课程，它是化学类、近化学类专业重要的必修基础课程，是建立相关技术人才整体知识结构、能力结构的重要组成部分，同时也是后续化学课程的基础，而无机及分析化学实验在化学教学过程中起着非常重要的作用。

本书在强调训练学生实验技能和良好实验习惯的基础上，注重启发学生通过实验加深对理论知识的理解和升华，并善于从实验中发现和归纳新的规律，使理论课与实验课真正做到相辅相成、有机结合。为此在实验内容的安排上，遵循循序渐进的原则，在掌握了实验的基本理论及基本操作后，安排了一些与实际生活相关的综合设计性实验，从而提高学生的学习能力和独立解决实际问题的能力。

本书共六章，选编 60 个实验，其中无机化学实验、分析化学实验以及仪器分析实验各 20 个。

本书由林立君(东北石油大学)统稿并担任主编，编写第 3 章、第 5 章、第 6 章及附录；贺君(燕山大学)任第二主编，并编写第 1 章、第 2 章；苑庆山(东北石油大学)任副主编，并编写第 4 章实验五至实验十五的内容；李磊(东北石油大学)任副主编，并编写第 4 章实验一至实验四、实验十六至实验二十的内容。

由于编者水平有限，加之经验不足，书中缺点甚至错误在所难免，我们诚恳使用本书的各院校师生和读者批评指正和提出宝贵意见。

编写本书的过程中，参考了有关教材、著作，在此向相关作者一并表示感谢！

目　　录

第1章 化学实验基本常识

1.1 化学实验室规则

(1)学生应按时到达实验室，因病、因事缺席实验课，必须课前履行请假相关事宜，无故迟到超过5min，取消此次实验资格。

(2)学生进入实验室按照指定位置入座，不准随意走动，高声喧哗，未经教师许可，不得动用仪器、药品。

(3)实验前必须预习实验内容，明确实验目的要求，熟悉方法步骤，掌握实验原理等。课上认真听取教师讲解实验目的、原理、步骤、操作方法和注意事项。

(4)实验开始前首先清点实验仪器和药品，如有缺少、损坏应立即报告教师。实验过程中要严格执行操作规程，在自己实验台附近做实验，除公用仪器外，使用属于自己保管的仪器；仔细观察实验现象，认真做好实验记录，根据实验过程分析实验结果，写出实验报告。

(5)实验过程中时刻注意安全，使用腐蚀性强、易燃、易爆和有毒药品要小心谨慎，如果在实验中发生意外事故不要惊慌，应立即报告教师处理。

(6)爱护仪器、节约用水和实验材料。凡不按操作规程造成仪器等损坏的，由当事人赔偿。实验仪器和材料未经教师许可不能带出实验室。

(7)实验完毕，清点好实验器材，归还原位，火柴、纸屑、废物等只能丢入废物缸内，不能随地乱扔，更不能丢入水槽，经教师许可才能离开实验室。

(8)值日生按老师要求做好值日，方可离开实验室。

1.2 实验室安全知识

1.2.1 安全规则

(1)了解实验室安全用具的放置位置，熟悉各种安全用具，如灭火器、沙桶、急救箱等用具的正确使用方法。

(2)实验前检查仪器是否完整无损，装置是否正确，在实验过程中不得擅自离开实验室。水、电、酒精灯等一经使用完毕立即关闭。

(3)决不允许任意混合各种化学药品，以免发生意外。

(4)浓酸、浓碱等具有强腐蚀性的药品，切勿溅在皮肤或衣服上，尤其不能溅入眼睛中。

(5)极易挥发和易燃的有机溶剂，如乙醚、乙醛、丙酮、苯等，使用时必须远离明火，用后立即塞紧瓶塞，放在阴凉处。

(6)加热时，要严格遵从操作规程。制备或试验有毒、刺激性、恶臭的气体时，必须在通风橱内进行。

(7)实验室任何药品不得进入口中或伤口，有毒药品更应注意。

(8)注意用电安全，不得用湿手按触电源插座。

(9)禁止在实验室内饮食、吸烟、打闹，实验结束时必须洗净双手方可离开实验室。

1.2.2 意外事故的一般处理

1. 割伤

先取出伤口内的异物，用消毒棉花和双氧水洗净伤口，然后在伤口处抹上红汞或撒上消炎粉后用纱布包扎。若伤口太深，流血不止，可在伤口上方约 10cm 处用纱布扎紧，压迫止血，并立即送医院治疗。

2. 烫伤

烫伤时，如伤势较轻，可先用稀 $KMnO_4$ 溶液或苦味酸溶液冲洗灼伤处，再在伤口处抹上黄色的苦味酸溶液或烫伤软膏，切勿用水冲洗，更不能把烫起的水泡戳破。如伤势较重，不能涂烫伤软膏等油脂类药物，可撒上纯净的碳酸氢钠粉末，并立即送医院治疗。

3. 酸灼伤

先用大量水冲洗，然后用饱和 $NaHCO_3$ 溶液或稀 $NH_3 \cdot H_2O$ 溶液清洗，最后再用水洗，然后涂敷氧化锌软膏。

4. 碱灼伤

先用大量水冲洗，再用 0.3mol/LHAc 溶液冲洗，最后再用水洗，然后涂敷硼酸软膏。如果碱溅入眼中，先用硼酸溶液洗，再用水洗。

5. 吸入刺激性、有毒气体

如不慎吸入 Cl_2、HCl 气体，可吸入少量酒精、乙醚的混合蒸气使之解毒。吸入 H_2S 气体而感到不适时，立即到户外呼吸新鲜空气。

6. 毒物进入口中

若毒物尚未咽下，应立即吐出来，并用清水冲洗口腔；如已咽下，应立即促使呕吐，并根据毒物的性质服用解毒剂。

7. 起火

小火用湿布、石棉布或沙子覆盖燃物；大火应使用灭火器，而且需根据不同的着火情况选用不同的灭火器，必要时应报火警 119。

(1)油类、有机溶剂，如酒精、苯或醚等着火时，应立即用湿布、石棉或沙子覆盖燃物；如火势较大，可使用 CO_2 泡沫灭火器或干粉灭火器、1211 灭火器灭火。活泼金属着火，可用干燥的细沙覆盖灭火，但不可用水扑救。

(2)精密仪器、电气设备着火，应立即切断电源，小火可用石棉布或湿布覆盖灭火，大火用四氯化碳灭火器灭火，亦可用干粉灭火器或1211灭火器灭火，绝对不可用水或CO_2泡沫灭火器。

(3)衣服着火，应迅速脱下衣服，或用石棉布覆盖着火处，或卧地打滚。

8. 触电

首先切断电源，必要时进行人工呼吸。

1.3　化学实验要求

本课程依照从易到难、循序渐进的原则安排实验教学进度，从基本操作训练入手，逐渐提高要求和加大训练力度。

(1)本课程以讲、练、示范、讨论的形式进行，整个教学过程以学生动手实践为主。通过对化学实验基本知识的讲授，加强对学生基础知识和基本技能的培养和训练，与理论密切配合，以确保化学实验课程的特点。

(2)要求掌握化学实验中常见的分析操作方法，较熟练地掌握化学实验技能和基本操作，提高分析问题和解决问题的能力。

(3)要求课前必须认真预习。理解实验原理，了解实验步骤，探寻影响实验结果的关键因素，做好必要的预习笔记，要做到心中有数。

(4)实验过程中要做到：

①勤于思考，每步操作之前应考虑到该步操作的目的、作用和可能出现的现象等。

②独立操作，正确操作，完成规定实验内容。

③每位同学都应备有实验记录本，按规定要求随时记录必要的实验数据。

④自觉遵守实验室规则。

(5)实验完毕：

①及时处理数据，实事求是地书写实验报告，上交指导教师审阅。

②及时清洗仪器并收好。清理实验台面，经老师允许后方可离开实验室。

(6)实验数据的记录及对实验报告要求：

①在记录本上记录实验原始数据及实验现象，实验报告纸上书写实验报告，内容包括：实验日期、实验名称、实验目的、实验原理、实验步骤、实验现象及解释、实验原始数据、实验结果处理表格、问题讨论及做好本实验的体会和建议以及改进意见等。

②记录本于第一次实验之前编写好页码，禁止随便撕页，严禁把数据记录在小纸片或其他地方再转抄在记录本上。

③在记录或计算过程中如写错，应划掉再重写，不得乱涂乱改。绝对不许拼凑数据或抄袭他人数据。数据处理和作图均应严格按“误差和数据处理”中有关规则进行。

④有效数字位数应与测定的准确度一致。

1.4 化学试剂的一般知识

1.4.1 化学试剂规格

做化学实验时，应正确选用所需纯度的试剂。化学试剂根据其纯净程度可划分为四个等级，其规格和适用范围见表1-1。

表1-1 化学试剂等级对照表

规格等级	名称	符号	标签颜色	适用范围
一级品	优级纯 保证试剂	G. R.	绿色	适用于精密的分析工作和科学研究
二级品	分析纯 分析试剂	A. R.	红色	适用于一般的分析和科学研究
三级品	化学纯	C. P.	蓝色	适用于一般化学实验
四级品	实验试剂 医用	L. R.	棕色或其他颜色	纯度较低，适用于作实验辅助剂
	生物试剂	B. R. 或 C. R.	黄色或其他颜色	

1.4.2 取用试剂的注意事项

(1)取用试剂时应注意保持试剂清洁，须做到：

①打开瓶塞后，瓶塞不允许任意放置，防止沾污，取完试剂后立即盖好。

②取用固体试剂时应用洁净干燥的药匙取用，用后药匙应洗净或擦净。

③原装液体试剂取用时，应采用“倒出”的方法，尽量不用滴管或移液管直接吸取，若有特殊必要时，吸管或移液管应洁净，防止带入污染物或水，影响溶液的纯度或浓度。

④实验时试剂要按需要量取用，试剂自瓶中倒出后不得再倒回原瓶。

(2)盛有试剂的瓶上应有明显的标签，写明试剂的名称、浓度、规格及配制时间等。

(3)公用试剂用完后应立即放回原处，以免影响他人使用。

1.5 化学实验数据的记录和处理

1.5.1 实验数据的记录

实验过程中的各种测量数据及有关现象，应及时准确而清楚地记录下来。记录实验数据时，要有严谨的科学态度，实事求是，切忌夹杂主观因素，决不能随意拼凑或伪造数据。

实验过程中测量数据时，应注意其有效数字的位数。用万分之一天平称重时，要求记录到0.0001g；滴定管及吸量管的读数，应记录至0.01mL；用分光光度计测量溶液的吸光度时，如吸光度在0.6以下，应记录至0.001的读数；大于0.6时，则要求记录至0.01的读数。

实验记录本上的每一个数据，都是测量结果，所以，重复观测时，即使数据完全相同，也都要记录下来。

进行记录时，对文字记录，应整齐清洁；对数据记录，应采用一定的表格形式。

在实验过程中，如发现数据算错、测错或读错而需要改动时，可将该数据用一横线划去，并在其上方写上正确的数字。

1.5.2　有效数字的运算规则

(1)几个数据相加或相减时，它们的和或差有效数字的保留位数，应以绝对误差最大或小数点后位数最少的一个数据为准。

(2)几个数据相乘或相除时，各数据保留的有效数字位数应以相对误差最大或有效数字位数最少的一个数据为准。

(3)在对数运算中，所取对数位数应与真数的有效数字位数相同。

(4)乘方与开方运算所得结果的有效数字位数，应与乘方或开方前的有效数字的位数相同。

(5)计算数据中首位等于或大于8者，可以多保留一位有效数字参与运算。

(6)对于公式中的准确数，如倍数、幂次数等自然数，可视为无限多位的有效数字，因此其位数多少不影响最后的取值。

(7)当有效数字的位数确定之后，它后面的数字应按照“四舍六入五取舍”的原则修约。即如果有效数字后面第一位数若小于等于4时则舍去；而大于等于6时则进位。当等于5时，若5之后的数字不全为0，则在5的前一位数字上增加1；若5之后全为0，而5的前一位数又是奇数，则在5的前一位数上增加1；若5之后全为0，而5的前一位数为偶数，则舍去不计。

1.5.3　分析数据的处理

为了衡量分析结果的精密度，一般对单次测定的一组结果 x_1，$x_2\cdots x_n$，计算出算术平均值后，应再用单次测量结果的相对偏差、平均偏差、标准偏差等表示出来，计算公式如下：

算术平均值　$$\bar{x} = \frac{x_1 + x_2 + \cdots + x_n}{n}$$

相对偏差　$$d_r = \frac{x_i - \bar{x}}{\bar{x}} \times 100\%$$

平均偏差　$$\bar{d} = \frac{\sum_{i=1}^{n} |x_i - \bar{x}|}{n} = \frac{\sum_{i=1}^{n} |d_i|}{n}$$

相对平均偏差　$$\bar{d}_r = \frac{\bar{d}}{\bar{x}} \times 100\%$$

标准偏差 $$s = \sqrt{\frac{\sum_{i=1}^{n}(x_i - \overline{x})^2}{n-1}}$$

相对标准偏差 $$RSD = \frac{s}{\overline{x}} \times 100\%$$

其中相对偏差是分析化学实验中最常用的确定分析测定结果好坏的方法。例如，用 $K_2Cr_2O_7$ 法五次测得铁矿石 Fe 质量分数分别为 37.40%、37.20%、37.30%、37.50%、37.30%，其数据处理方法见表 1-2。

表 1-2 数据处理

序号	ωFe/%	$\overline{\omega}$Fe/%	绝对偏差/%	相对偏差/%
	37.40		+0.06	0.16
2	37.20		−0.14	−0.37
3	37.30	37.34	−0.04	−0.11
4	37.50		+0.16	0.43
5	37.30		−0.04	−0.11

1.6 化学实验报告样本

实验完毕，用专用的实验报告纸，根据预习和实验中的现象及数据记录等，及时而认真地写出实验报告。

1. 无机化学实验报告

实验(编号)　　实验名称

一、实验目的

二、实验原理

简明扼要地用文字和化学反应方程式说明。

三、仪器与试剂

列出本次实验中所需要使用的主要仪器与试剂。

四、实验内容

熟悉实验内容，简明扼要地写出实验步骤。

五、实验现象解释及数据处理

测定性实验应准确记录实验原始数据，并依据实验要求及计算公式计算出分析结果，并对有关数据作误差分析，尽可能地使记录表格化；验证性实验应仔细观察实验现象并记录，用反应方程式解释相关实验现象并得出结论；制备性实验应记录实验准备过程的初始数据、实验过程中的现象及实验结果，并依据实验要求及计算公式计算出分析结果，并对有关数据作合理性分析；综合设计实验应根据实验要求进行实验数据或者实验现象的合理记录并解释。

六、问题讨论

解答实验教材上的思考题和对实验中的现象进行分析和讨论，尽可能地结合无机化学中的有关理论，从而提高自己分析问题、解决问题的能力，为以后的科学研究论文的撰写打下一定的基础。

七、做好本实验的体会和建议以及改进意见

2. 分析化学实验报告

实验(编号)　　　实验名称

一、实验目的

二、实验原理

简明扼要地用文字和化学反应方程式说明。例如，对于化学滴定分析，通常应有标定和滴定反应方程式，基准物质和指示剂的选择，标定和滴定结果的计算公式等。对特殊仪器的实验装置，应画出实验装置图。

三、仪器与试剂

列出本次实验中所要使用的主要试剂和仪器。

四、实验步骤

应简明扼要地写出实验步骤。

五、实验数据记录及处理

实事求是地记录实验过程中的原始数据，可以使用表格、图形等方式将实验数据表示出来。根据实验要求及计算公式计算出分析结果，并对有关数据进行误差分析处理，尽可能地使记录表格化。

六、问题讨论

解答实验教材上的思考题和对实验中的现象、产生的误差等进行分析和讨论，尽可能地结合分析化学中的有关理论，以提高自己分析问题、解决问题的能力，为以后的科学研究论文的撰写打下一定的基础。

七、做好本实验的体会和建议以及改进意见

第 2 章　化学实验基本操作

2.1　常用仪器规格及使用

2.1.1　烧杯

常用的烧杯有低型烧杯、高型烧杯、三角烧杯三种（如图 2-1），主要用于配制溶液，煮沸、蒸发、浓缩溶液，进行化学反应以及少量物质的制备等。烧杯用硬质玻璃制造，它可承受 500℃以下的温度，在火焰上可直接或隔石棉网加热，也可选用水浴、油浴或沙浴等加热方式。

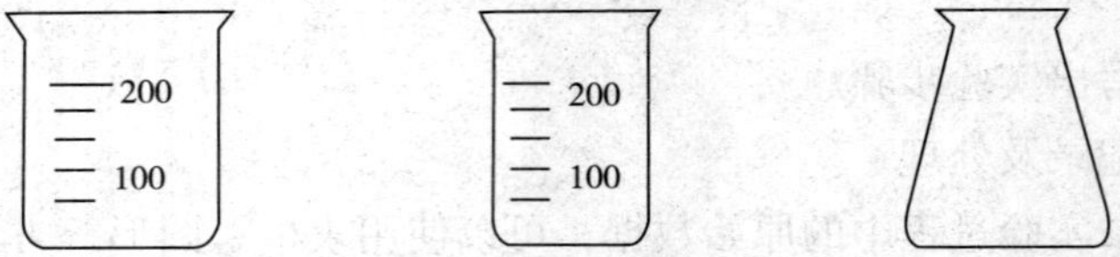

（a）低型烧杯　（b）高型烧杯　（c）三角烧杯

图 2-1　烧杯种类

烧杯的规格从 25mL 至 1000mL 不等，具体见表 2-1。

表 2-1　烧杯的主要规格

名称	容量/mL	高度/mm	外径/mm
低型烧杯	50 100 250 500 1000	58 72 94 115 150	46 52 69 87 110
高型烧杯	50 100 250 600 1000	67 88 122 165 195	40 45 60 80 100
三角烧杯	125 250 500	110 135 155	口外径/底外径 34/55 43/70 53/88

2.1.2　试管、离心管和比色管

试管主要用作少量试剂的反应容器，常用于定性试验。试管可直接用火加热，加热后不能骤冷。试管内盛放的液体量，如果不需要加热，不要超过 1/2；如果需要加热，不要超过 1/3。加热试管内的固体物质时，管口应略向下倾斜，以防凝结水回流至试管底部而使试管破裂。离心试管用于定性分析中的沉淀分离。常见的试管有普通试管、具支试管、刻度试管、具塞试管、尖底离心管、尖底刻度离心管和圆底刻度离心管等，如图 2-2。

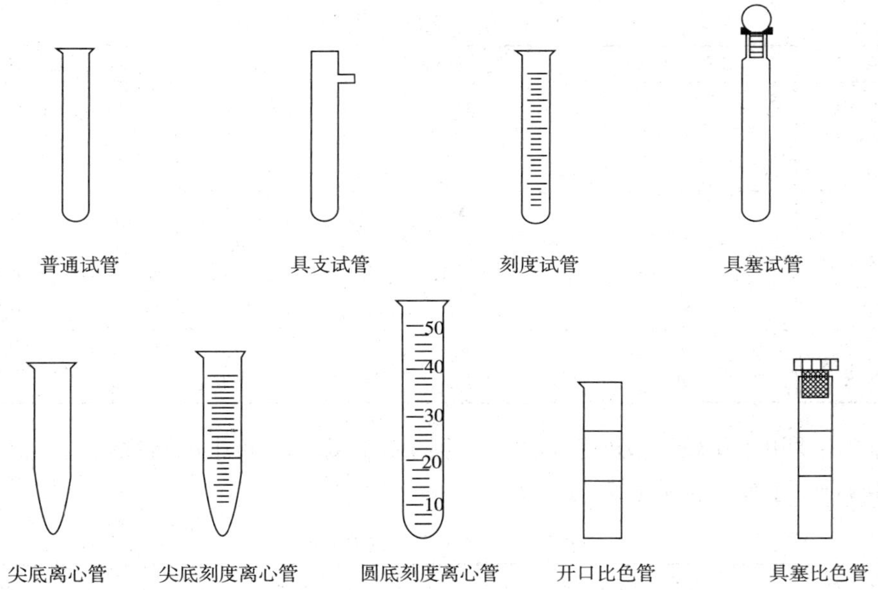

图 2-2　试管、离心管、比色管种类

试管、离心管的主要规格见表 2-2、表 2-3。

表 2-2　试管的主要规格

名　称	管外径/mm	全长/mm	容量/mL	最小分度/mL
普通试管	10 15 21 25 41	100 150 150 180 225		
具支试管	12 15 21 25	100 150 150 200		

续表

名　称	管外径/mm	全长/mm	容量/mL	最小分度/mL
刻度试管	11 14 19 23	110 130 180 200	5 10 30 50	0.1 0.2 0.5 1
具塞试管	12 15 16 18		5 10 15 20	

表 2-3　离心试管的主要规格

名　称	管外径/mm	全长/mm	容量/mL	最小分度/mL
尖底离心管	17 23 33	110 140 150	10 25 50	
尖底刻度离心管	13 17 23 33	95 110 140 150	5 10 25 50	0.1 0.1 0.2 0.2
圆底刻度离心管	35 41	100 115	50 100	1 2

比色管主要用于比较溶液颜色的深浅，用于快速定量分析中的目视比色。比色管有开口和具塞两种，主要规格见表 2-4。

表 2-4　比色管的主要规格

名　称	容量/mL	管长/mm	管外径/mm
开口比色管	5 ~ 10 10 ~ 25 25 ~ 50 50 ~ 100	130 150 180 210	15 20 24 30
具塞比色管	5 ~ 10 10 ~ 25 25 ~ 50 50 ~ 100	130 150 180 210	15 20 24 30

2.1.3　干燥器

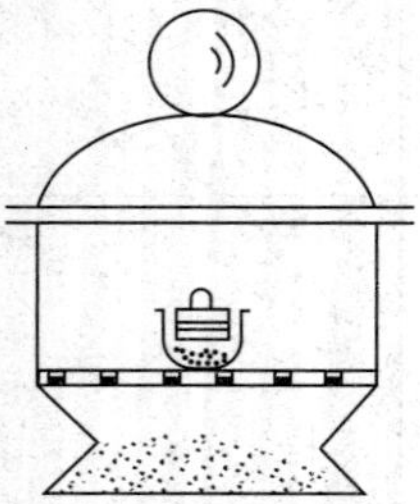

图 2-3　干燥器

干燥器(图 2-3)的中下部口径略小，上面放置带孔的瓷板，瓷板上放置待干燥的物品，瓷板下面放有干燥剂。常用的干燥剂有 P_2O_5、碱石灰、硅胶、$CaSO_4$、CaO、$CaCl_2$、$CuSO_4$、浓硫酸等。固态干燥剂可直接放在瓷板下面，液态干燥剂放在小烧杯中，再放到瓷板下面。

干燥器主要用于保持固态、液态样品或产物的干燥，也用来存放防潮的小型贵重仪器和已经烘干的称量瓶、坩埚等。使用干燥器时，要沿边口涂抹一薄层凡士林研合均匀至透明，使顶盖与干燥器本身保持密合，不致漏气。

开启顶盖时，应稍稍用力使干燥器顶盖向水平方向缓缓错开，取下的顶盖应翻过来放稳。热的物体应冷却到略高于室温时，再移入干燥器内。

干燥器洗涤过后，要吹干或风干，切勿用加热或烘干的方法去除水气。久存的干燥器或室温低，顶盖打不开时，可用热毛巾或暖风吹化开启。

表 2-5　干燥器(附瓷板)的主要规格

口内径/mm	全高/mm	瓷板直径/mm
100	165	92
210	320	185
300	450	275

2.1.4　试剂瓶

试剂瓶(图 2-4)用于盛装各种试剂。常见的试剂瓶有小口试剂瓶、大口试剂瓶和滴瓶；附有磨砂玻璃片的大口试剂瓶常作集气瓶。试剂瓶有无色和棕色之分，棕色瓶用于盛装应避光的试剂。小口试剂瓶和滴瓶常用于盛放液体药品，大口试剂瓶常用于盛放固体药品。试剂瓶又有磨口和非磨口之分，一般非磨口试剂瓶用于盛装碱性溶液或浓盐溶液，使用橡皮塞或软木塞；磨口试剂瓶盛装酸、非强碱性试剂或有机试剂，瓶塞不能调换，以防漏气。若长期不用，应在瓶口和瓶塞间加放纸条，便于开启。试剂瓶不能用火直接加热，不能在瓶内久贮浓碱、浓盐溶液。

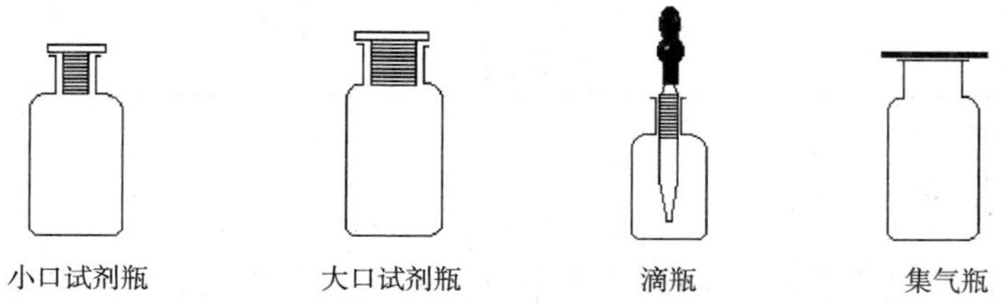

图 2-4　试剂瓶种类

表 2-6　试剂瓶的主要规格

名　称	容量/mL	瓶高/mm	瓶外径/mm	瓶口外径/mm
小口试剂瓶	30	76	40	18
	125	110	57	24
	250	135	70	27
	500	172	85	33
	1000	202	106	38

续表

名　称	容量/mL	瓶高/mm	瓶外径/mm	瓶口外径/mm
大口试剂瓶	30 125 250 500 1000	72 108 130 165 188	40 57 70 85 106	25 38 50 58 65
滴瓶(附胶头)	30 60 125	76 85 110	40 46 57	
集气瓶(附磨砂玻璃片)	125 250 500	108 130 160	57 70 86	38 50 58

2.1.5　过滤瓶

过滤瓶(图2-5)也称抽滤瓶，主要供晶体或沉淀进行减压过滤用，其主要规格见表2-7。

表2-7　过滤瓶的主要规格

容量/mL	瓶高/mm	底外径/mm	瓶颈外径/mm
250 500 1000	160 200 240	90 115 140	33 40 44

2.1.6　称量瓶

称量瓶(图2-6)主要用于使用分析天平时称取一定量的试样，不能用火直接加热，瓶盖是磨口的，不能互换。称量瓶有高型和扁型两种，其主要规格见表2-8。

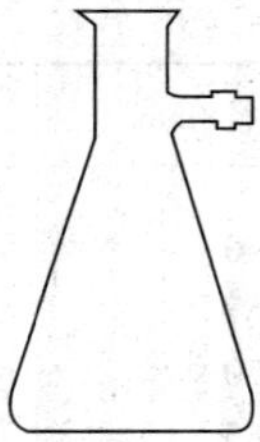

图2-5　过滤瓶

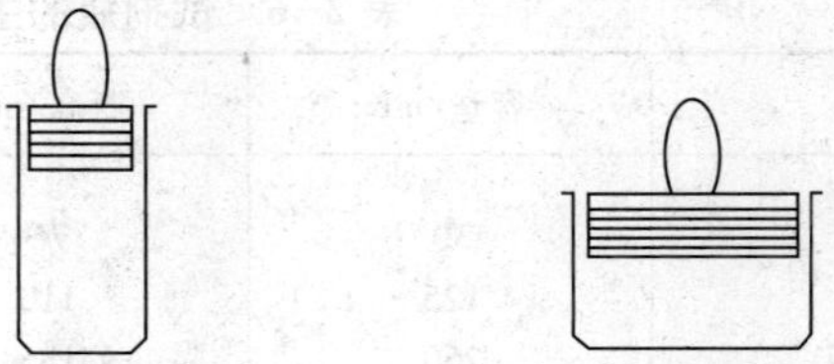

图2-6　称量瓶种类

表 2-8　称量瓶的主要规格

名　称	瓶外径/mm	瓶身高/mm	瓶外径/mm	瓶身高/mm
高型称量瓶	25 25 30	25 40 50	30 35 40	60 70 70
扁型称量瓶	40 50	60 70	30 35	25 30

2.1.7　表面皿和蒸发皿

表面皿(图 2-7)主要用作烧杯的盖，防止灰尘落入和加热时液体迸溅等。表面皿不能直接用火加热。

蒸发皿(图 2-7)有平底和圆底两种形状，主要用于使液体蒸发，能耐高温，但不宜骤冷。蒸发溶液时一般放在石棉网上加热，如液体量多，可直接加热，但液体量以不超过深度的 2/3 为宜。

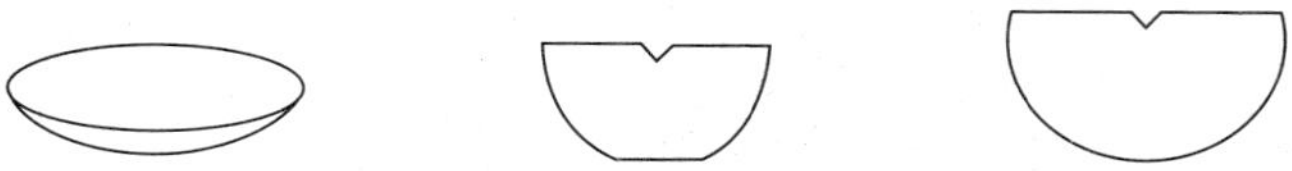

图 2-7　表面皿和蒸发皿种类

表面皿和蒸发皿的主要规格见表 2-9。

表 2-9　表面皿和蒸发皿的主要规格

名　称	直径/mm	皿高/mm
表面皿	45 60 80 100 150 180	
蒸发皿	60 90 120 150	30 45 60 75

2.1.8　研钵

研钵(图 2-8)主要用于研磨固体物质，有玻璃研钵、瓷研钵、铁研钵和玛瑙研钵等。玻璃研钵、瓷研钵适用于研磨硬度较低的物料，硬度大的物料应用玛瑙研钵。研钵不能用火直接加热。玻璃研钵的主要规格见表 2-10。

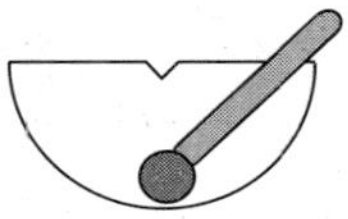

图 2-8　研钵

表 2-10　玻璃研钵的主要规格

内径/mm	钵高/mm
75	40
90	50
120	60

2.1.9　漏斗

漏斗(图 2-9)主要用于过滤操作和向小口容器倾倒液体，常见的有 60°角短管标准漏斗、60°角长管标准漏斗、筋纹漏斗和圆筒形漏斗。筋纹漏斗内壁有若干凹筋，可以提高过滤速度。分液漏斗主要用于互不相溶的两种液体分层和分离，常见的有厚料球形、球形、梨形、梨形刻度、筒形和筒形刻度等。球形分液漏斗适用于萃取分离操作；梨形分液漏斗除用于分离互不相溶的液体外，在合成反应中常用来随时加入反应试液。刻度梨形和筒形漏斗常用于控制加液速度。漏斗、分液漏斗的主要规格分别见表 2-11、表 2-12。

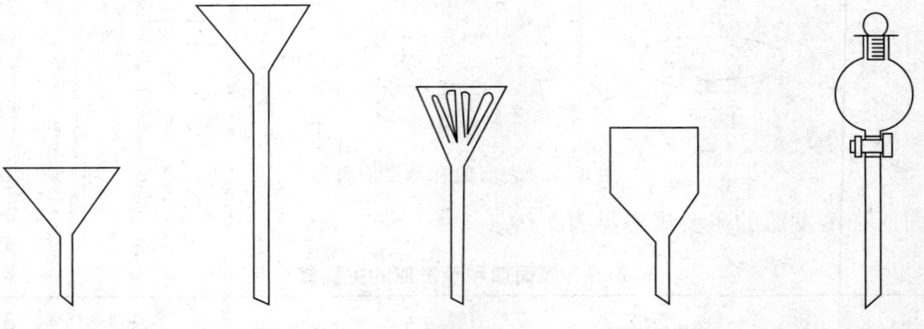

图 2-9　漏斗种类

表 2-11　漏斗的主要规格

名称	口径/mm	管长/mm
短管标准漏斗	40 60 90 150	40 60 90 150
长管标准漏斗	50 60 75 90	150 150 150 150
筋纹漏斗	60 75	150 180
圆筒形漏斗	20 32 40	60 75 80

表 2-12　分液漏斗的主要规格

名　称	容量/mL	球(筒)外径/mm	全长/mm	最小分度/mL
球形	60 125 250 500	55 67 84 100	270 290 315 375	
厚料球形	1000 2000 3000 5000	130 168 195 245	155 210 240 300	
梨形	60 125 250	48 67 74	205 260 310	5 5 10
筒形	60 125 250 500	32 40 50 62	260 325 400 490	2 5 5 10

2.1.10　量筒和量杯

量筒和量杯(图 2-10)主要用于量取一定体积的液体。在配制和量取浓度和体积不要求很精确的试剂时，常用它来直接量取溶液。量筒和量杯的主要规格见表 2-13。

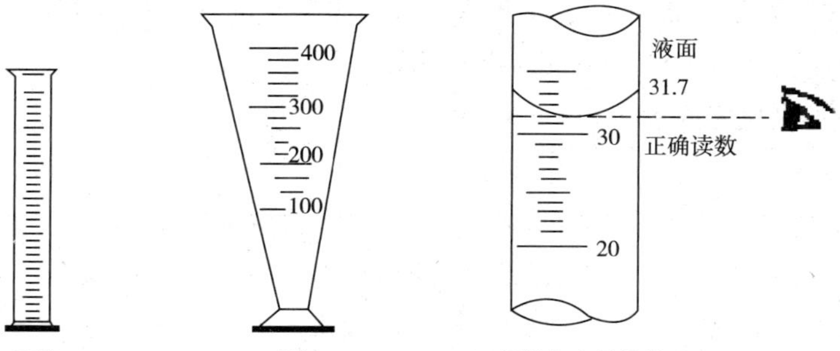

图 2-10　量筒和量杯种类

表 2-13　量筒和量杯的主要规格

名　称	容量/mL	全高/mm	筒(口)径/mm	最小分度/mL
量筒	5 10 50 100 500 1000	110 135 195 250 350 435	12 13 23 28 52 65	0. 1 0. 2 1 2 5 10

续表

名　称	容量/mL	全高/mm	筒(口)径/mm	最小分度/mL
量杯	10	95	28	1
	50	140	48	5
	100	170	61	5
	500	250	104	20
	1000	310	127	50

2.2　玻璃仪器的洗涤和干燥

2.2.1　洗涤液的种类及配制

1. 铬酸洗涤液(简称洗液)

洗液配制浓度有所不同，从5% ~12%的各种浓度都有。配制方法大致相同：取一定量的重铬酸钾(工业品即可)，先用约1~2倍的水加热溶解，稍冷后，将所需体积数的工业品浓硫酸徐徐加入到重铬酸钾溶液中(千万不能将水或溶液加入硫酸中)，边倒边用玻璃棒搅拌，并注意不要溅出，混合均匀，冷却后，装入洗液瓶备用。新配制的洗液为红褐色，氧化能力很强。当洗液用久后变为黑绿色，即说明洗液已无氧化洗涤能力。

主要用于清洗玻璃器皿内的油污或其他有机物质。

2. 碱性高锰酸钾洗涤液

取4g高锰酸钾溶于5mL水中，再加入95mL 10%的氢氧化钠溶液混合即得。

用于清洗玻璃器皿内的油污或其他有机物质；浸泡后器壁上会析出一层二氧化锰，需用盐酸或盐酸加过氧化氢除去。

3. 碱性乙醇洗液

取120g氢氧化钠固体溶于120mL水中，用95%乙醇稀释至1L。

在铬酸洗液洗涤无效时，用于清洗各种油污；由于碱对玻璃的腐蚀，玻璃磨口不能长期在该洗液中浸泡；该洗液须存放于胶塞瓶中，防止挥发、起火。

4. 磷酸钠洗液

称取57g磷酸钠、28g油酸钠溶于470mL水中。

用于清洗玻璃器皿上的残留物；浸泡数分钟后用刷子刷洗。

5. 酸性硫酸亚铁洗液

含有少量硫酸亚铁溶液。

清洗由于贮存高锰酸钾及洗液而残留在玻璃器皿上的棕色污斑，浸泡后用刷子洗刷。

6. 硝酸－过氧化氢洗液

量取15% ~20%的硝酸加等体积的5%过氧化氢溶液，混合均匀。

用于清除特殊难洗的化学污物，洗液久存易分解，应存放于棕色瓶。

7. 有机溶剂

如三氯乙烯、二氯乙烯、苯、二甲苯、丙酮、乙醇、乙醚、三氯甲烷、四氯化碳、汽油等。

用于清除玻璃器皿上的油脂类、单体原液、聚合体等有机污物，应根据污物性质选择使用。注意毒性、可燃性，用过的废液溶剂应回收。

2.2.2 仪器的洗涤

化学实验室使用的各种玻璃仪器是否干净，常常影响到实验结果的准确性。一般来说，玻璃仪器洗涤干净后，内壁附着的水均匀，既不聚集成滴，也不成股流下。

洗涤玻璃仪器的方法很多，应根据实验的要求、污物的性质和沾污的程度来选用。一般说来，附着在仪器上的污物既有可溶性物质，也有尘土和其他不溶物质，还有油污和有机物质。针对这种情况，可以分别采用下列洗涤方法：

1. 用自来水冲洗

水溶性物质、附在仪器上的尘土及其他不溶物，可选择直接用自来水冲洗。

2. 用去污粉刷洗

去污粉主要去除污垢及油渍。去污粉是由碳酸钠、白土、细沙等混合而成。碳酸钠是一种碱性物质，具有强的去污能力，而细沙的摩擦作用以及白土的吸附作用则增强了仪器清洗的效果。待仪器的内外器壁都经过仔细的擦洗后，用自来水冲去仪器内外的去污粉，要冲洗到没有细微的白色颗粒状粉末留下为止。最后，用蒸馏水冲洗仪器内壁 3 次，把自来水中带来的钙、镁、铁、氯等离子洗去，洗涤应坚持少量多次的原则。

注意：使用毛刷刷洗试管时，应将毛刷顶端的毛顺着伸入到试管中，用食指抵住试管末端，来回抽拉毛刷进行刷洗，不可用力过大，也不要同时抓住几只试管一起刷洗。

3. 用洗液洗涤

在进行精确定量实验时，或者所使用的仪器口径小、管细、形状特殊时，应该用洗液洗涤。洗液具有强酸、强碱性、强氧化性、去除油污和有机物的能力，但对衣物、皮肤、桌面及橡皮的腐蚀性也较强，使用时应小心。

具体做法是：先将仪器用自来水刷洗，倒干净其中的水，加入少量洗液，转动仪器，使仪器内壁全部为洗液所浸润，一段时间后，将洗液倒回原瓶。仪器先用自来水冲洗，再用蒸馏水冲洗 2 ~ 3 次。

使用洗液时注意：①洗液为强腐蚀性液体，应注意安全；②洗液吸水性强，用完后应立即将洗液瓶子盖严；③应根据具体情况选择不同洗液。

在实验中应根据实际情况和实验内容来决定洗涤程度，如在进行定量分析实验中，由于杂质的引进会影响实验结果的准确性，因此对仪器的洁净程度要求较高。对于一般的无机制备实验或定性分析实验等，对仪器洁净程度的要求相对较低，只要洗刷干净，用不着要求不挂水珠，也没有必要用蒸馏水洗涤。

为了避免有些污染物难以洗去，要求当实验完毕后立即将所用仪器洗涤干净，养成一种用完即洗净的良好习惯。凡是洗净的仪器，决不能再用布或纸擦拭，避免布或纸的纤维留在器壁上而沾污仪器。

2.2.3 仪器的干燥

仪器干燥的方法很多，但要根据具体情况，选用具体的方法。

1. 晾干

不急用的仪器或每次实验完毕后，将洗涤干净的仪器倒置于干燥的仪器柜中或仪器架上任其自然干燥。

2. 烤干

将洗涤干净的烧杯、蒸发皿等放置于石棉网上，用小火烤干；试管可直接烤干，在烤干试管的过程中，开始要将试管口向下倾斜，以免水滴倒流导致试管炸裂，火焰也不要集中于一个部位，先从底部开始加热，慢慢移至管口，反复数次直至无水滴，最后将管口向上将水汽去除干净。

3. 吹干

利用电吹风吹干。

4. 烘干

将干净的仪器尽量倒干水后放入电热烘箱中烘干(控温105℃左右)，放入烘箱的仪器口朝上，或在烘箱下层放一瓷盘，接受滴下的水珠。注意木塞、橡胶塞不能与玻璃仪器一同干燥，玻璃塞也应分开干燥。

5. 有机溶剂快速干燥

带有刻度的计量仪器不能用加热的方法干燥，因此采用有机溶剂快速干燥法干燥。具体操作：取少量易挥发的有机溶剂，如乙醇、丙酮等，加入到已经用水洗涤干净的玻璃仪器中，倾斜并转动仪器，使水与有机溶剂互溶，然后倒出，重复操作两次后，再用乙醚洗涤仪器后倒出，自然晾干或用电吹风吹干。

2.3 保温、加热和冷却

实验室中常用的热源有酒精灯、酒精喷灯、电炉以及马弗炉等。

2.3.1 酒精灯与酒精喷灯

1. 酒精灯

酒精灯是实验室最常用的加热灯具，温度可达为400~500℃。酒精灯由灯罩、灯芯和灯壶三部分组成，灯罩上有磨口。

使用时注意事项：

(1)添加酒精时应将酒精灯熄灭，利用漏斗将酒精加入到灯壶内，添加量最多不超过总容量的2/3。

(2)应使用火柴点燃酒精灯，决不能用点燃的酒精灯来点燃。

(3)熄灭酒精灯时，不要用嘴吹，将灯罩盖上即可，但注意当酒精灯熄灭后，要将灯罩拿下，稍作晃动赶走罩内的酒精蒸气后盖上，以免引起爆炸(特别是在酒精灯使用时间过长时，尤其应注意)。

(4)在酒精灯不用时应盖上灯罩，以免酒精挥发。

2. 酒精喷灯

酒精喷灯的温度可达700～1000℃，用于需较高温度的加热。使用时首先打开活塞，并在预热盒中加入酒精，点燃酒精加热灯管，待预热盒内酒精接近燃完时，将燃着的火柴移至灯口，同时开启开关，使酒精从灯座进入灯管，并受热汽化，与进气孔的空气混合并被点燃，调节开关，可控制火焰的大小。使用完毕关闭开关及活塞，火即被熄灭。

2.3.2　电炉、马弗炉

电炉是一种利用电阻丝将电能转化为热能的装置，使用温度的高低可通过调节外电阻来控制，为保证容器受热均匀，使用时反应容器与电炉间利用石棉网相隔离。

马弗炉是利用电热丝或硅碳棒加热的密封炉子，炉膛是利用耐高温材料制成。一般电热丝炉最高温度为950℃，硅碳棒炉为1300℃，炉内温度是利用热电偶和毫伏表组成的高温计测量，并使用温度控制器控制加热速度。使用马弗炉时，被加热物体必须放置在能够耐高温的容器(如坩埚)中，不要直接放在炉膛上，同时不能超过最高允许温度。

实验室进行灼烧实验时经常用到马弗炉或管式电炉。

2.3.3　加热方法

1. 直接加热

当被加热的样品在高温下稳定而不分解，又无着火危险时，可使用直接加热法，如图2-11(a)、图2-11(b)、图2-11(c)所示。使用烧杯加热液体样品时，容器外的水应擦干，同时在火源与容器之间应放置石棉网。在加热过程中，应适时搅拌，以防爆沸。

在高温下加热固体样品时，可将固体样品放置于坩埚中灼烧[图2-11(a)]。具体做法是：开始用小火烘烧坩埚，使其受热均匀，然后加大火焰，根据实验要求控制灼烧温度和时间，灼烧完毕后移去热源，冷却后(或用干净的坩埚钳夹着坩埚，放置于石棉网上冷却)备用。

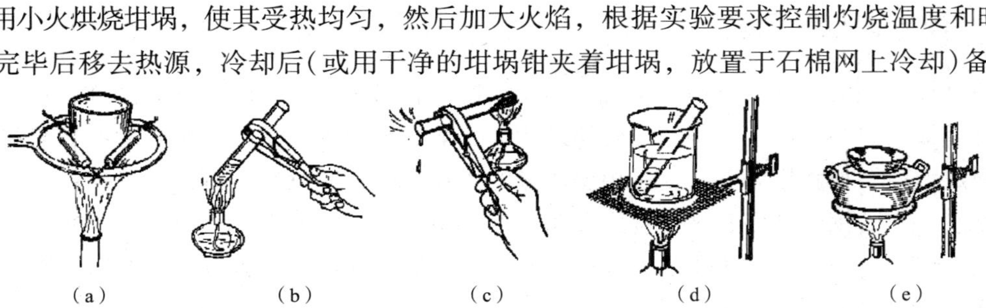

(a) 坩埚灼烧　(b) 试管加热液体　(c) 试管加热湿固体　(d) 水浴加热　(e) 蒸气浴加热

图2-11　几种加热方法

2. 用热浴间接加热

当被加热的样品易分解，温度变化易引起不必要的副反应时，就要求加热过程中受热均匀，而又不超过一定温度，常使用特定热浴间接加热，如图2-11(d)、图2-11(e)所示。如果要求反应温度不超过100℃时，可利用水浴加热，用特制的电热水浴锅。在一般实验中，常使用大烧杯来代替水浴锅。

使用水浴锅时应注意：①被加热容器不要触及水浴的底部；②水浴中水的总量不要超过总容量的2/3；③勿使水浴中水烧干(在水浴表面加入少量石蜡油可有效地阻止水分的快速蒸发)。

当用甘油、石蜡油、硅油代替水浴中的水时可得到相应的甘油浴、石蜡油浴和硅油浴，甘油浴可在150℃以下加热，石蜡油浴可在200℃以下温度加热，硅油浴可在近于300℃温度下加热。油浴的优点是加热均匀、温度易于控制，但价格较高并且有一定的污染。

沙浴是另外一种加热方式，即将被加热容器的下部埋置于装于盘中的细沙中，其特点是升温较缓慢，停止加热后散热也较慢，可用于需较高温度的样品的加热。

2.3.4 冷却方法

放热反应产生的热量，常使反应温度迅速提高，如控制不当，往往引起反应物的挥发，并可能引发副反应，甚至爆炸。为了将反应温度控制在一定的范围内，就需要适当的冷却，最简便的方法就是将盛有反应物的容器适时地浸入冷水浴中，可采用冷水、冰水、流动自来水或自然冷却等。

当需要较低温度的冷却时，可用冰-盐混合物，即在碎冰中混入1/3质量的食盐即可制得，该方法可冷至-20℃。把干冰(固体CO_2)加到甲醇、丙醇及其他溶剂中(注意：需要小心，会猛烈起泡)，温度可降到-78℃。

如果上述冷冻剂的效果都不理想，还可使用液氮，它可以冷却至-196℃。

如果要长期保持低温，就要使用冰箱。放在冰箱内的容器要塞紧，否则水汽会在物质上凝结，放出的腐蚀性气体也会侵蚀冰箱，同时容器要作好标记。

2.3.5 温度的测量

温度计是实验室中用来测量温度的常用仪器。测温时必须将温度计触及被测体系，使温度计和被测体系达成热平衡，二者温度相等，从而由被测物质的特定物理参数直接或间接地换成温度，如水银温度计就是根据水银的体积直接在玻璃管上刻以温度值的。每只温度计都有一定的测温范围，水银温度计可用于-30~360℃区间；测量低于-30℃的物质温度时，可以使用封在玻管中的不同的烃类化合物温度计；若要测量高温时可用热电偶或辐射高温计等来测量。

在利用温度计测量温度时应该注意：

(1)根据所测温度的高低选择合适的温度计，实验室中常用的水银温度计有0~

100℃、0～250℃、0～360℃三种规格，例如要测量温度在200℃左右时，最好选择0～250℃的温度计，而不要选0～100℃(易胀破)或0～360℃(精度差)的温度计。

(2)根据实验要求选择合适精度的温度计，如利用冰点下降法测量化合物的相对分子质量时，最好选用刻度为1/10的温度计，可准确测到0.01℃。对于一般的温度，则没有必要使用如此高精度的温度计(价格偏高)。

(3)利用温度计测量时，要使温度计浸入液体的适中位置，不要使温度计接触容器的底部或壁上。

(4)不能将温度计当搅拌棒使用，以免水银球碰破。

(5)刚刚测量高温的温度计取出后不能立即用凉水冲洗，也不要放置在温度较低的水泥台上，以免水银球炸裂。

(6)使用温度计时要轻拿轻放，不要随意甩动。温度计不慎被打碎后，要立即告诉指导教师，撒出的水银应立即回收，不能回收者，要立即用硫黄覆盖清扫。

2.4　常用容量仪器及使用

2.4.1　滴定管

滴定管是滴定时使用的精密仪器，用来测量自管内流出溶液的体积，有常量和微量滴定管之分。常量滴定管有酸式滴定管和碱式滴定管两种，如图2-12所示，酸式滴定管下端装有玻璃活塞，用来盛装盐酸、氧化剂、还原剂等溶液；碱式滴定管下端用乳胶管连接一个小玻璃管，乳胶管内有一玻璃珠，用以控制溶液的流出。碱式滴定管用来盛装碱性溶液和无氧化性溶液。滴定管有无色和棕色之分，无色的滴定管又有带蓝线和不带蓝线两种。

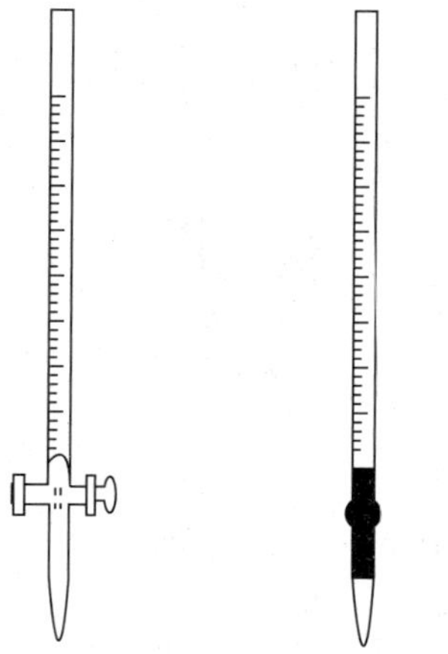

图2-12　常量滴定管

常量分析用的滴定管有50mL和25mL等几种规格，它们的最小分度值为0.1mL，读数可估计到0.01mL。此外，还有容积为10mL、5mL、2mL、1mL的半微量和微量滴定管，最小分度制为0.05mL、0.01mL、0.005mL，它们的形状各异。

滴定管的使用包括洗涤、检漏、涂油、排气泡、读数等步骤。

1. 洗涤

对无明显油污的干净滴定管，可直接用自来水冲洗。如有明显油污，则需用洗液浸洗。刷洗时注意不用刷头露出铁丝的毛刷，以免划伤滴定管内壁。洗涤时向管内倒入10mL左右铬酸洗液(注意：碱式滴定管将乳胶管内玻璃珠向上挤压封住管口或将乳胶管换成乳胶滴头)，再将滴定管逐渐向管口倾斜，并不断旋转，使管壁与洗液充分接触，管口对着废液缸，以防洗液撒出。若油污较重，可装满洗液浸泡，浸泡时间的长短视油污情况而定。洗涤完毕，洗液应倒回洗液瓶中，然后用自来水淋洗，并不断转动滴定管，至流出的水无色，再用去离子水润洗三遍，洗净后的管内壁应均匀地润上一层水膜而不挂水珠。

2. 检漏

滴定管在使用前必须检查是否漏水。碱式滴定管漏水可更换乳胶管或玻璃珠；酸式滴定管漏水或活塞转动不灵活，则应重新涂抹凡士林。

涂抹凡士林方法：将滴定管平放于实验台上，取下活塞，用吸水纸擦净或拭干活塞及活塞套，在活塞两侧涂上薄薄一层凡士林，再将活塞平行插入活塞套中，单方向转动活塞，直至活塞转动灵活且外观为均匀透明状态，如图 2-13 所示，最后用橡皮圈套在活塞小头一端的凹槽上，固定活塞，避免其滑落打碎。如遇凡士林堵塞了尖嘴玻璃小孔，可将滴定管装满水，用洗耳球鼓气加压，或将尖嘴浸入热水中，再用洗耳球鼓气，便可以将凡士林排除。

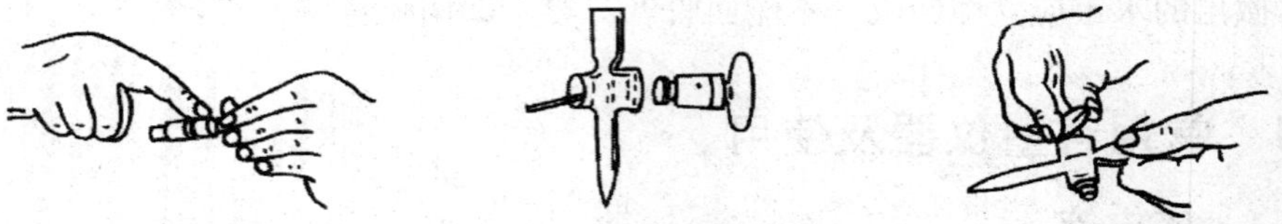

（a）活塞涂油　（b）安装活塞　（c）转动活塞

图 2-13　酸式滴定管活塞涂油

3. 装溶液和赶气泡

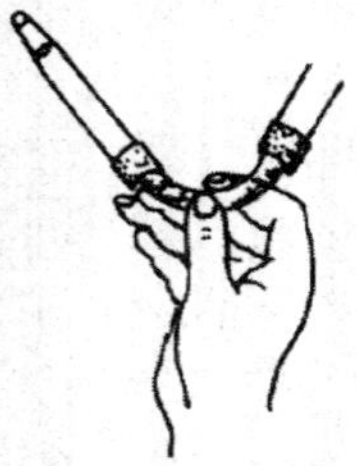

图 2-14　碱式滴定管排气泡

洗净后的滴定管在装液前，应先用待装溶液润洗内壁三次，用量依次为 10mL、5mL、5mL 左右。

装入溶液的滴定管，应检查出口下端是否有气泡，如有气泡应及时排除。

碱式滴定管排气泡方法：取下滴定管，将乳胶管稍向上弯曲，倾斜成 30°角，挤压玻璃球使溶液从管口喷出，气泡即可被流水挤出，如图 2-14 所示。

酸式滴定管排气泡方法：滴定管稍稍倾斜，迅速打开活塞，反复多次，使溶液冲出并带走气泡。

将排除气泡后的滴定管补加待装溶液至“0”刻度以上，然后再调整至“0”刻度线位置。

4. 读数

读数前，滴定管应垂直静置 1min。读数时，管内壁应无液珠，管出口的尖嘴内应无气泡，尖嘴外应不挂液滴，否则读数不准。

读数方法是：取下滴定管用右手大拇指和食指捏住滴定管上部无刻度处，使滴定管保持垂直，并使自己的视线与所读的液面处于同一水平线上，如图 2-15(a)所示。不同的滴定管读数方法略有不同。一般滴定管应读取弯月面最低点所对应的刻度。对无色或浅色溶液、有乳白板蓝线衬背的滴定管读数应以两弯月面相交的最尖部分为准，如图 2-15(b)所示。对深色溶液，则一律按液面两侧最高点相切处读取。

对初学者可使用读数卡，以使弯月面更清晰。读数卡是用贴有黑纸或涂有黑色的长方形白纸板制成。读数卡紧贴在滴定管的后面，把黑色部分放在弯月面下面约1mm处，使弯月面的反射层全部成为黑色，读取黑色弯月面的最低点，如图2-15(c)所示。

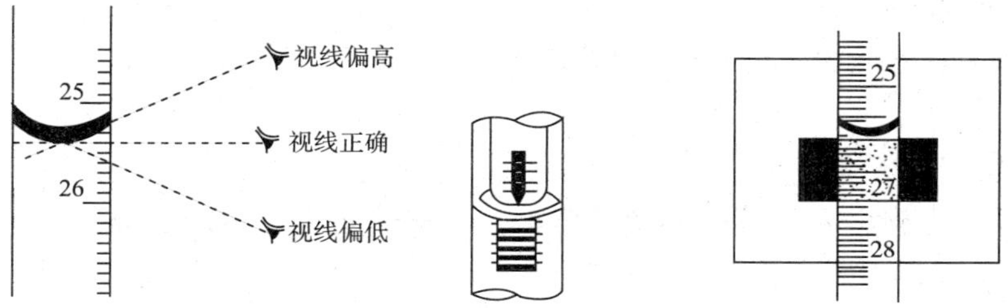

（a）　（b）　（c）

图2-15　滴定管读数

5. 滴定

读取初读数之后，立即将滴定管下端插入锥形瓶或烧杯口内约1cm处，进行滴定。

操作酸式滴定管时，左手拇指与食指跨握滴定管的活塞处，与中指一起控制活塞的转动，如图2-16(a)所示。但应注意，不要过于紧张，避免手心用力将活塞从大头推出造成漏液，而应将三手指略向手心回力，以塞紧活塞。

操作碱式滴定管时，用左手的拇指与食指捏住玻璃珠外侧的乳胶管向外捏，形成一条缝隙，溶液即可流出，如图2-16(b)所示。通过控制缝隙的大小即可控制流速，但要注意不能使玻璃珠上下移动，更不能捏玻璃珠下部的乳胶管以免产生气泡。

滴定时，还应双手配合协调。当左手控制流速时，右手拿住锥形瓶颈，单方向旋转溶液。若用烧杯滴定，则右手持玻璃棒作圆周搅拌溶液，注意玻璃棒不要碰到杯壁和杯底，如图2-17所示。

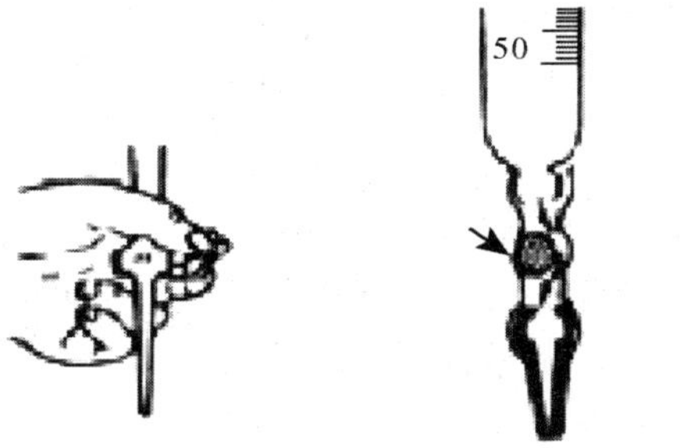

（a）活塞的转动　（b）溶液的流出

图2-16　滴定管溶液的排出

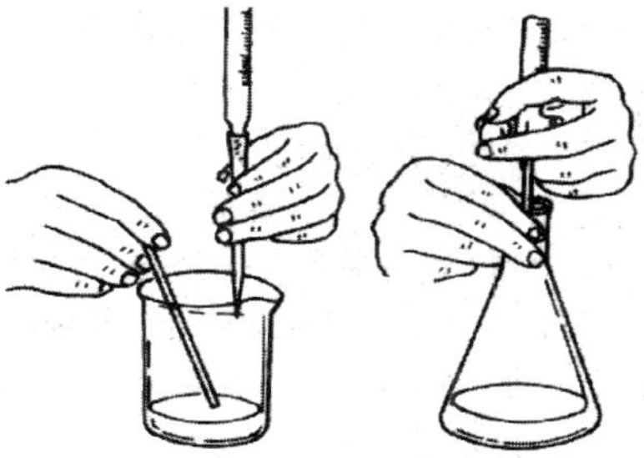

图2-17　滴定操作

6. 滴定速度

滴定时速度的控制一般为开始时每秒3～4滴；接近终点时，应逐滴加入，或每次加半滴溶液，并不停地摇动锥形瓶，仔细观察溶液的颜色变化，直至到达滴定终点为止，读取终读数，立即记录。

滴加半滴溶液的方法，使溶液悬而不滴，让其沿器壁流入容器，再用少量去离子水冲洗内壁，并摇匀溶液。

注意：在滴定过程中左手不应离开滴定管，以防流速失控。

7. 平行实验

平行滴定时，应该每次都将初刻度调整到“0”刻度或其附近，这样可减少滴定管刻度的系统误差。

8. 最后整理

滴定完毕，应放出滴定管中剩余的溶液，洗净滴定管，装满去离子水，罩上滴定管盖，备用。

2.4.2 移液管

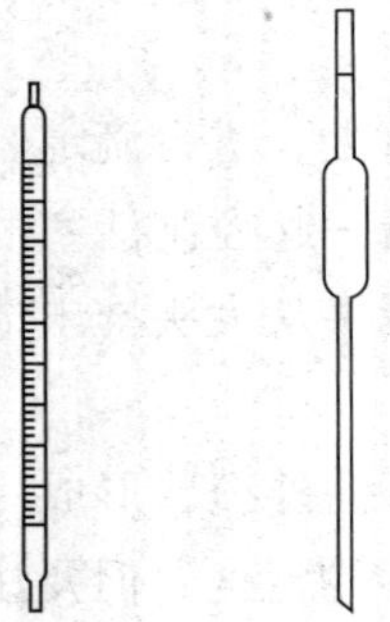

吸量管　　移液管

图 2-18　移液管种类

移液管是用来准确移取一定体积溶液的量器，准确度与滴定管相当。移液管有两种，一种是中部具有“胖肚”结构，无分刻度，两端细长，只有环行标线，“胖肚”上标有指定温度下的容积。常见的规格为 5mL、10mL、25mL、50mL 和 100mL 等；另一种是有分刻度的直玻璃管，又称吸量管，管的上端标有指定温度下的总体积，如图 2-18 所示。吸量管的容积有 1mL、2mL、5mL 和 10mL 等，可用来吸取不同容积的溶液，一般只量取小体积的溶液，其准确度比“胖肚”移液管稍差。

移液管的使用，主要包括如下几个方面：

1. 洗涤

移液管使用前也要进行洗涤，洗涤时，先用适当规格的移液管刷，用自来水清洗，若有油污可用洗液洗涤。方法是：吸入 1/3 容积铬酸洗液，平放并转动移液管，使洗液与内壁充分接触，洗涤完毕，将洗液倒回原瓶，稍后用自来水冲洗移液管，再用去离子水清洗 2 ~3 次，备用。

2. 润洗

洗净后的移液管，在移液前必须用吸水纸吸净尖端内、外的残留水，然后用待取液润洗 2 ~3 次，以防改变溶液的浓度。洗涤时，当溶液吸至“胖肚”1/4 处，即可封口取出。应注意勿使溶液回流，以免稀释原溶液。润洗后将溶液从下端放出。

3. 移液

将润洗好的移液管插入待取溶液液面下约 1 ~2cm 处(不能太浅以免吸空，也不能插至容器底部以免吸起沉渣)，右手的拇指与中指拿住移液管标线以上部分，左手拿起洗耳球，排出洗耳球内的空气，将洗耳球尖端插入移液管上端，并封紧移液管口，逐步松开洗耳球，以吸取溶液，如图 2-19(a)所示。当液面上升至标线以上时，拿掉洗耳球，立即用食指堵上管口，将移液管提出液面，稍待片刻，以除去管外壁的溶液，然后微微松动食指，并用拇指和中指慢慢转动移液管，使液面缓慢下降，直到溶液的弯月面与标线相切。此时，应用食指按紧管口，使液体不再流出。倾斜接受溶液的容器，小心把移液管移入容器，使移液管的下端与容器内壁上端接触，如图 2-19(b)所示。松开食指，让溶液自由流下，当溶液流尽后，再停 15s，并将移液管向左右转动一下，取出移液管。

注意：除标有“吹”字样的移液管外，不要把残留在管尖的液体吹出，因为在校准移液管容积时，没有算上这部分液体。

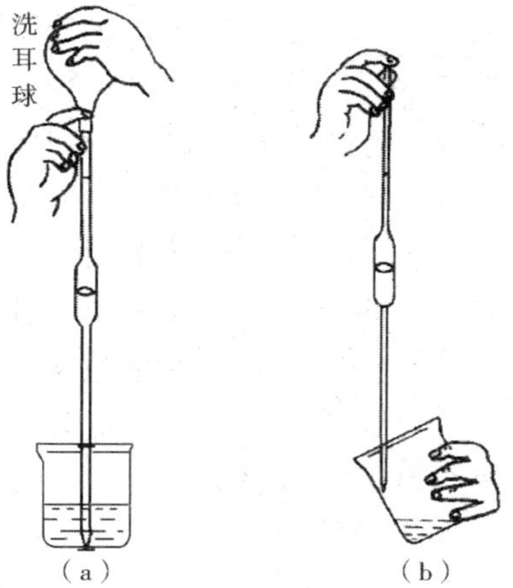

图 2-19　移液管的使用

2.4.3　容量瓶

容量瓶是用于配制体积要求准确的溶液，在配制标准溶液或将溶液稀释至一定浓度时，往往要使用容量瓶。容量瓶不能加热，瓶塞是磨口的，不能互换，以防漏水。容量瓶有无色和棕色之分，棕色瓶用于配制需要避光的溶液。

容量瓶的外形是一平底、细颈梨形瓶，瓶口带有磨口玻璃塞或塑料塞。颈上有环形标线，瓶体标有体积，一般表示 25℃时液体充满至刻度时的容积。常见的有 10mL、25mL、50mL、100mL、250mL、500mL 和 1000mL 等各种规格，此外还有 1mL、2mL 和 5mL 的小容量瓶，但用的较少。

容量瓶的使用，主要包括如下几个方面：

1. 检查

使用容量瓶前应先检查其标线是否离瓶口太近，如果太近则不利于溶液混合均匀，故不宜使用。另外还必须检查瓶口是否漏水。检查时加自来水近刻度，盖好瓶塞用左手食指按住，同时用右手五指托住瓶底边沿，如图 2-20 所示，将瓶倒立 2min，如不漏水，将瓶直立，把瓶塞转动 180°，再倒立 2min，若仍不漏水即可使用。

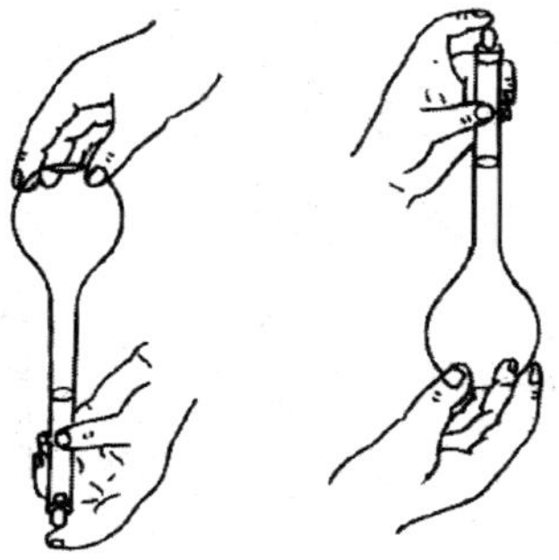
图 2-20　容量瓶的检查

2. 洗涤

可先用自来水冲洗，如内壁有油污，则应倒尽残水，加入适量的铬酸洗液(250mL 规格的容量瓶可倒入 10 ~ 20mL)，倾斜转动，使洗液充分润洗内壁，再倒回原洗液瓶中，用自来水冲洗干净后，再用离子水润洗 2 ~ 3 次，备用。

3. 配制溶液

将准确称量好的药品，倒入干净的小烧杯中，加入少量溶剂将其完全溶解后再转移至容量瓶中。注意，如使用非水溶剂则小烧杯及容量瓶都应事先用该溶剂润洗 2 ~ 3 次。定量转移时，右手持玻璃棒悬空放入容量瓶内，玻璃棒下端靠在瓶颈内壁，但不能与瓶口接触，左手拿烧杯，烧杯嘴紧靠玻璃棒，使溶液沿玻璃棒流入瓶内沿壁而下，如图 2-21 所示。烧杯中的溶液全部倒出后，将烧杯嘴沿玻璃棒上提，同时使烧杯直立。将玻璃棒取出放入烧杯内，用少量溶剂冲洗玻璃棒和烧杯内壁，也同样转移到容量瓶中。如此重复操作 3 次以上。然后补充溶剂，当容量瓶中溶液体积至 3/4 左右时，可初步摇荡混匀。再继续加溶剂至近标线，最后改用滴管逐滴加入，直到溶液的弯月面恰好与标线相切。若为热溶液应冷至室温后，再加溶剂至标线。盖上瓶塞，将容量瓶倒置，待气泡上升至底部，再倒转过来，待气泡上升到顶部，如此反复 10 次以上，使溶液混匀。

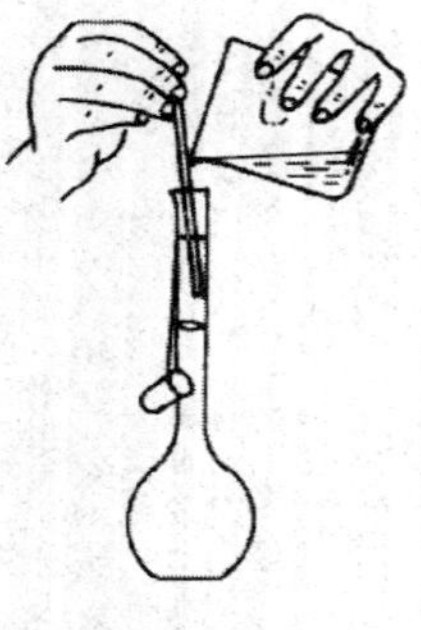
图 2-21　溶液转入容量瓶的操作

4. 稀释溶液

用移液管移取一定量体积的浓溶液于容量瓶中，加水至标线，混合均匀即可。

注意事项：①容量瓶不宜长期储存试剂，配好的溶液需要长期保存时，应转入试剂瓶中。转移前要用该溶液润洗试剂瓶 3 次。②用过的容量瓶，应立即用自来水洗净备用。如长期不用容量瓶时，要把磨口和瓶塞擦干，用纸片将其隔开。③容量瓶不能在电炉、烘箱中烘烤，如必须干燥，可先用乙醇等有机物润洗后，再用电吹风或烘干机的冷风吹干。

2.5　样品的溶解

1. 准备好洁净的烧杯，配好合适的玻璃棒和表面皿

玻璃棒的长度应比烧杯高 5 ~ 7cm，但不要太长，表面皿的直径应略大于烧杯口直径。然后称取样品置于烧杯中，用表面皿盖好烧杯。

2. 用适当的溶剂溶解样品

溶解样品时，若无气泡产生，可取下表面皿，将溶剂顺着紧靠杯壁的玻璃棒下端加入或沿杯壁加入，边加入边搅拌，直至样品全部溶解后，盖好表面皿；若有气体产生（如碳酸钙等），应先加少量水润湿样品，盖好表面皿，再由烧杯嘴与表面皿间的狭缝滴加溶剂，待气泡消失后，再用玻璃棒搅拌使其溶解，等样品完全溶解后，用洗瓶吹洗表面皿和烧杯内壁。

有些样品在溶解过程中需要加热，可在电炉或酒精灯上进行。但一般只能让其微热或微沸溶解。加热时需盖上表面皿。

2.6　沉淀的形成及检验

对处理好的试样溶液，需加入沉淀剂进行沉淀。沉淀时应根据沉淀类型选择不同的沉淀条件。

对于晶形沉淀需按照“稀、热、慢、搅、陈”的操作方法进行沉淀，即：沉淀的溶液浓度应要小，沉淀时应将溶液加热，沉淀速度要慢，同时应搅拌，沉淀完全后，应放置过夜

或在水浴锅上加热 1h 左右，使沉淀陈化。

沉淀时，左手拿滴管逐滴加入沉淀剂，右手持玻璃棒不断搅拌。滴加沉淀剂时，滴管口应接近液面，避免溶液溅出。搅拌时需注意不要将玻璃棒碰到烧杯壁和杯底。

沉淀后应检查沉淀是否完全。方法是：待沉淀下沉后，滴加少量沉淀剂于上层清液中观察是否出现浑浊。若有浑浊，说明没有沉淀完全，应再加入适量的沉淀剂继续沉淀；若无浑浊，说明沉淀完全，可结束沉淀操作。

对于非晶形沉淀，宜用较浓的沉淀剂溶液，加入沉淀剂和搅拌的速度要快些，沉淀完全后要用去离子水稀释，不必放置陈化，有时还需加入电解质等。

2.7 沉淀的过滤和洗涤

沉淀过滤时，通常使用定性滤纸，但重量分析法需使用定量滤纸，每张滤纸的灰分质量约为 0.08mg，与称量误差相比可以忽略，因而定量滤纸也称无灰滤纸。按照滤纸孔隙的大小，定量滤纸又可分为快速、中速和慢速三个类型，应根据实际需要加以选用。

1. 滤纸的折叠与安放

滤纸折叠好后一面三层一面一层贴在湿润的锥形漏斗内壁上，使滤纸和漏斗内壁紧贴而无气泡。

2. 倾泻法过滤

用玻璃棒的下端对准滤纸三层厚的一边尽可能地近，但不能接触滤纸，把上层清液沿玻璃棒慢慢流入漏斗中，倾入的溶液一般只充满滤纸的 2/3 或者离滤纸上边缘约 5cm，以免少量沉淀因毛细管作用通过滤纸上沿而造成损失。

3. 倾泻法洗涤

每次取出洗涤液约 10mL 洗涤烧杯四周，使黏附着的沉淀集中在烧杯底，放置澄清后再过滤。本着少量多次的原则，洗涤重复 3 ~4 次。

如采用重量分析法对物质含量测定时，还需以下步骤。

4. 转移沉淀

在沉淀中加入少量洗涤液，搅动混合，立即倾入漏斗中，如此重复几次，将大部分沉淀转移到漏斗上，少量在烧杯内壁上的沉淀用洗瓶洗入漏斗中。

5. 滤纸上沉淀的洗涤

用少量的洗涤液从滤纸的边沿开始往下螺旋形移动使沉淀集中在滤纸的底部。

6. 转移残留沉淀

如果烧杯中还留有少量的沉淀，用滤纸角擦拭烧杯的四壁。

2.8 沉淀的干燥和灼烧

欲从漏斗中取出沉淀和滤纸时，应用扁头玻璃棒将滤纸边挑起，向中间折叠，使其将沉淀盖住，再用玻璃棒轻轻转动滤纸包，以便擦净漏斗内壁可能黏有的沉淀，然后将滤纸包转移至已恒重的坩埚中，使它倾斜放置，滤纸包的尖端朝上，然后对沉淀和滤纸进行烘干。烘干时，盖上坩埚盖，但不要盖严，可在煤气灯或电炉上进行。

沉淀和滤纸灰化后，将坩埚移入高温炉中(根据沉淀性质调节适当温度)，盖上坩埚盖，但留有空隙。在与灼烧坩埚时相同温度下灼烧 40～45min 取出，放入干燥器中冷却至室温，然后进行第二次、第三次灼烧，直至坩埚和沉淀恒重为止。一般第二次以后的灼烧时间为 20min 即可。

从高温炉中取出坩埚时，将坩埚移至炉口至红热稍退后，再将坩埚从炉中取出放在洁净的瓷板上。在夹取坩埚时，坩埚钳应预热。待坩埚冷却至红热退去后，再将坩埚转至干燥器中，盖好盖子，随后需启动干燥器盖 1～2 次，待冷却至室温，称量。

在干燥器冷却时，原则是冷却到室温，一般需 30min 以上，但要注意每次灼烧、称量和放置的时间都要保持一致。

此外，一些沉淀在烘干后化学组成即恒定或热稳定性差的沉淀，就不需在瓷坩埚中灼烧，可用微孔玻璃坩埚烘干至恒重即可。微孔玻璃坩埚放入烘箱中烘干时，应将它放在表面皿上进行。根据沉淀性质确定干燥温度，一般第一次烘干约 2h，第二次约 45min，如此重复烘干、称量，直至恒重为止。

2.9 试纸及其使用

1. pH 试纸

(1)检验溶液的酸碱度。

取一小块试纸放在表面皿或玻璃片上，用洁净的玻璃棒蘸取待测液点滴在试纸的中部，观察变化稳定后的颜色，再与标准比色卡比较来确定溶液的 pH 值，判断溶液的性质。

(2)检验气体的酸碱度。

先用蒸馏水把试纸润湿，黏在玻璃棒的一端，再送到盛有待测气体的容器口附近，观察试纸颜色的变化，再与标准比色卡比较来确定溶液的 pH 值，判断气体的性质。

注意事项：

(1)试纸不可直接伸入溶液。

(2)试纸不可接触试管口、瓶口、导管口及器壁等。

(3)测定溶液的 pH 值时，试纸不可事先用蒸馏水润湿，因为润湿试纸相当于稀释被检验的溶液，会导致测量结果不准确。

(4)取出试纸后，应将盛放试纸的容器盖严，以免被屋内的一些气体沾污。

2. 石蕊(红色、蓝色)试纸

用来定性检验气体或溶液的酸碱性。$pH<5$ 的溶液或酸性气体能使蓝色石蕊试纸变红色；$pH>8$ 的溶液或碱性气体能使红色石蕊试纸变蓝色。

使用时，先用蒸馏水把试纸润湿，黏在玻璃棒的一端，再送到盛有待测气体的容器口附近，观察颜色的变化。如果逸出气体较少，也可将试纸伸进试管内，但试纸不可接触试管口及器壁等。

3. 淀粉－碘化钾试纸

用来定性地检验氧化性气体的存在，如 Cl_2、Br_2 等，遇较强的氧化剂时碘离子被氧化成碘，碘与淀粉作用而使试纸显示蓝色。

使用方法同石蕊试纸。

4. 醋酸铅试纸的使用

用来定性地检验反应中有无 H_2S 气体的产生。H_2S 气体遇醋酸铅时因生成黑色的 PbS 而使试纸变黑色。

使用方法同石蕊试纸。

第3章 常见分析仪器结构及使用

3.1 分析天平

3.1.1 分析天平的种类

分析天平是定量化学分析实验中最主要、最常用的仪器之一。从天平构造原理来分，分析天平可分为杠杆天平和电子天平。

1. 杠杆天平

实验室常用的杠杆天平分为等臂双盘天平和不等臂单盘天平，它们一般都有光学读数装置，又称为电光分析天平。

等臂双盘天平还可以再分为摇摆天平和阻尼天平(有阻尼器)。按加码器加码范围，分为半机械加码天平和全机械加码天平。双盘天平的缺点是天平的两臂理论上长度应相等，实际上存在不等臂性误差，空载和实载灵敏度不同，操作麻烦。不等臂单盘天平采用全量机械减码，操作简便，称量速度快，性能稳定。

2. 电子天平

电子天平依据电磁力平衡的原理，没有刀口刀承，无机械磨损，全部数字显示，称量速度快，只需几秒钟就可显示称量结果。电子天平连接计算机和打印机后，可具有多种功能。电子天平价格相对较贵，这是影响它普及的重要原因，但电子天平代表天平今后发展的趋势。

从天平的精度来分类，通常分析天平分为10级。一级天平精度最好，十级最差。在常量分析中，使用最多的是最大载荷为100～200g的分析天平，属于三至四级。在半微量和微量分析中，常用最大载荷为20～30g的一至三级分析天平。

3.1.2 分析天平的性能

分析天平是精密的衡量仪器，其性能必须具有适当的灵敏性、准确性、稳定性和不变性等。

1. 天平的灵敏性

分析天平的灵敏性是以灵敏度表示的。所谓灵敏度是指在天平盘上增加一个小质量物质所引起指针偏移的程度。指针偏移的距离愈大，表示天平愈灵敏。天平的灵敏度一般规定为lmg砝码引起的指针在读数标尺上偏移的格数。

$$灵敏度=\frac{指针偏离的格数}{1mg}$$

当载重一定时，指针偏转与臂长成正比，与天平梁的重量和重心到支点的距离成反比。一架天平的横梁重量和臂长是一定的，唯有重心的位置可以通过感量砣（重心砣）上下移动进行调节。感量砣上移，使重心到支点的距离缩短，天平的灵敏度增加。天平的灵敏度太低，会增大称量误差；但灵敏度太高时，天平梁不易静止，不便于称量操作。

由于灵敏度愈高，表示天平感觉能力愈强，所以灵敏度也可以用感量或分度值表示。感量是指针偏移一格时所需要的毫克数，故：

$$感量=\frac{1}{灵敏度}$$

如 TG－328 型半自动电光天平的感量为 0.1mg/格，则其灵敏度为：

$$灵敏度=\frac{1}{0.1}=10\ 格/mg$$

由于采用了光学放大读数装置，可直接读出 0.1mg，因此这类天平也称感量为万分之一的天平。

2. 天平的准确性

天平的准确性是指天平的等臂性。一架完好的天平，两臂之差应符合一定的要求，差值不超过臂长的 1/40000，以控制由于天平不等臂所引起的称量误差。用等臂天平称量时，由于天平不等臂引起的称量误差是难免的，但这一类误差属于系统误差。采用替代称量法可以抵消这类误差，单盘天平的称量采用替代法，故单盘不等臂天平不存在不等臂所引起的误差。

3. 天平的稳定性

天平梁在平衡状态受到扰动后能自动回到初始平衡位置的能力，称为天平的稳定性。

分析天平不仅要有一定的灵敏性，而且还要有相当的稳定性，才能完成准确的称量。灵敏性与稳定性是互相矛盾的，但灵敏性与稳定性的乘积是个常数，两者都兼顾到才能使天平处于最佳状态。天平的稳定性是通过改变天平梁的重心，即移动感量砣来调节的，感量砣离支点愈远天平的稳定性愈好。

4. 天平的不变性

天平的不变性是指天平在同一重量差的作用下，各次平衡位置重合不变的性能。

在同一台天平上，使用同一组砝码多次称量同一重物不可能得到绝对完全重合的结果，一般都存在着微小的差异，这种差异称为示值变动性。一般用多次开关天平时，指针平衡后标尺上出现的最大值与最小值之差来表示，两者之差愈大，表示天平的不变性愈差。天平的不变性与天平的稳定性有密切关系，两者都以示值变动性表示，但不是同一概念。天平的稳定性主要与天平梁的重心有关；而天平的不变性与稳定性、天平的结构、天平的调整状态及称量时的环境条件有关。

3.1.3 分析天平的主要技术规范

1. 最大称量

最大称量又称最大载荷，表示天平可称量的最大值。天平的最大称量必须大于被称物体可能的质量。

2. 分度值

天平的分度值是天平标尺一个分度对应的质量。用天平的分度值与最大载重之比划分天平的级别，表示天平的精度。

3. 秤盘直径和秤盘上方的空间

天平的技术规格给出天平秤盘直径及秤盘上方空间，即高度和宽度，可以根据称量物件的大小选择天平。

4. 天平的正确选用

购置天平时，需要在了解天平的技术参数和各类天平特点的基础上，根据称量要求的精度及工作特点正确选用天平。首先要考虑称量的最大质量，不能使天平超载，以免损坏天平；其次是不使用精度不够的天平，但也不应滥用高精度天平而造成不必要的浪费。如果有条件，选用一台电子天平，一方面电子天平有不同挡，其使用范围可变；另一方面电子天平可以频繁或连续测定质量值，功能强，使用起来得心应手。

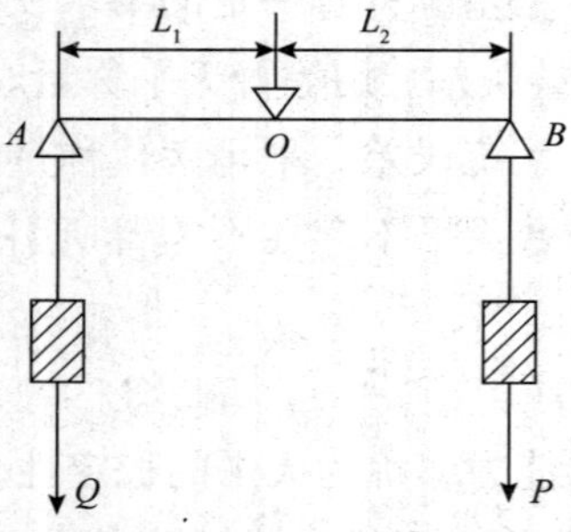

图 3-1　等臂双盘天平称量原理

3.1.4 双盘天平

双盘电光天平是以杠杆原理设计的一种等臂分析天平，其特点是天平的两臂长度相等，称量原理如图 3-1 所示。

设天平两臂长度相等，即 $L_1 = L_2$，质量为 m_Q 的物体和质量为 m_p 的砝码分别放在天平的左、右秤盘上。Q、P 分别为两端所受的力，当达到平衡时，根据杠杆原理，支点两边的力矩相等，即：

$$Q \cdot L_1 = P \cdot L_2$$

因为：　$Q = m_Q \cdot g$，$P = m_p \cdot g$，$L_1 = L_2$

所以：　$m_Q \cdot g \cdot L_1 = m_p \cdot g \cdot L_2$

g 为重力加速度，由于在同一地点 g 值相同，则：$m_Q = m_p$，即被称物体的质量等于砝码的质量。

3.1.5 双盘电光天平

1. 结构

天平的外形和结构如图 3-2 和图 3-3 所示。TG-328B 型半机械加码电光天平是由横梁部分、悬挂系统、升降枢和水平仪、光学读数系统、机械加码装置、砝码和天平箱等组成。

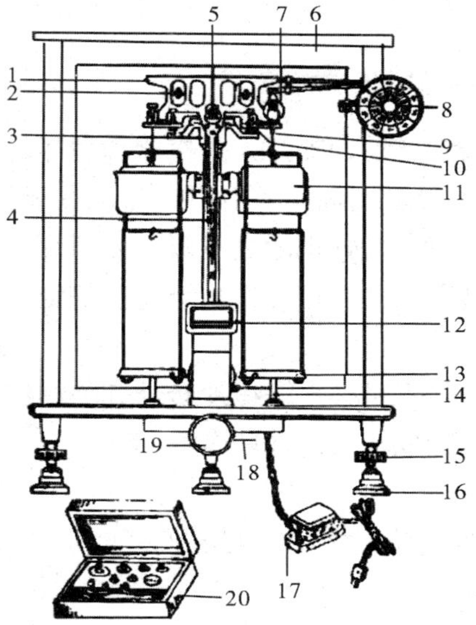

图 3-2　TG-328B 型半机械加码电光天平

1—天平梁；2—平衡调节螺丝；3—天平柱；4—指针；5—玛瑙刀口；6—框罩；7—环码；8—环码指数盘；9—吊耳；10—拖梁架；11—空气阻尼器；12—投影屏；13—天平盘；14—托盘；15—螺旋脚；16—垫脚；17—变压器；18—调屏拉杆；19—升降旋钮；20—砝码盒

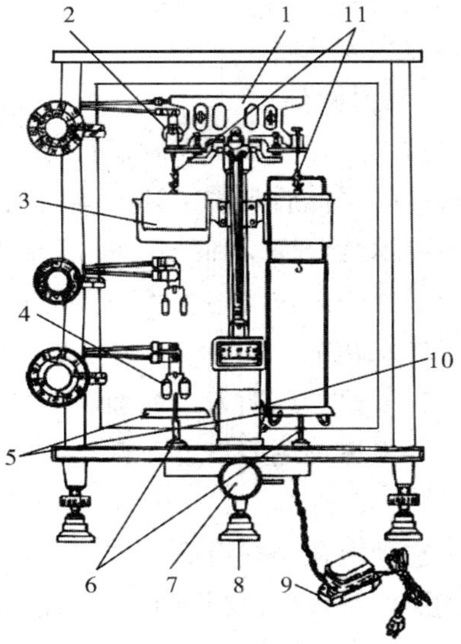

图 3-3　TG-328A 型全机械加码电光天平

1—天平梁；2—圆形毫克砝码；3—阻尼器；4—环形克砝码；5—天平盘；6—托盘；7—升降枢；8—避震垫脚；9—变压器；10—投影屏；11—吊耳

(1)横梁部分由横梁、指针、感量砣和平衡砣组成。

①横梁　它是天平的主要部件，多用质轻、坚固、膨胀系数小的铝铜合金制成。梁上装有3把玛瑙刀，中刀(支点刀)向下，两边的边刀与中刀的距离相等，并要求3把刀口互相平行且位于同一水平面上。刀口愈锋利，与刀口接触的玛瑙平面愈光滑，它们之间的摩擦力愈小，天平的灵敏度愈高，玛瑙耐磨性好，但质地较脆，使用时要十分小心，开关天平要慢，以减轻振动。

②指针　它装在横梁中间向下，指针下端装有微分标尺，经光学系统放大后可在投影屏上读数，标牌上刻有0～±10mg 刻度线。

③感量砣　又叫重心砝，上下移动可调节分析天平的灵敏度。

④平衡砣　在横梁的两侧，当用拨杆不能调节天平的零点时需要用平衡砣来调节。

(2)悬挂系统由吊耳、阻尼内筒和秤盘组成。

①吊耳　包括承重板和挂钩，承重板下面镶有一块长条形玛瑙平板，它起着将悬挂系统的力传递给边刀的作用。挂钩用来挂阻尼内筒及秤盘。

②阻尼器　由内筒和外筒组成，利用空气阻力使指针能很快停止摆动。要求阻尼器内筒与外筒之间的缝隙要均匀，不能有丝毫碰擦；否则会造成很大称量误差，严重时使称量无法进行。

③秤盘　分左、右两个，上面刻有标记，不能相互调换使用。称量时，左盘放被称物体，右盘放砝码。

(3)升降枢。

由天平开关旋钮控制，打开天平时，旋钮顺时针转动，支撑天平横梁和吊耳的支力鞘随着下降，最后与横梁和吊耳脱离，使中刀口与中刀垫接触，承重刀口与承重板接触，3把刀口承受着横梁和悬挂系统全部的重力。与此同时，盘托也随之下降，光源灯变亮，此时天平处于工作状态。关闭天平时，旋钮逆时针转动，支力鞘动作与上述情况相反，天平处于休止状态。

为了保护玛瑙刀口和确保称量的准确性，开关天平时必须缓缓地转动开关旋钮；否则不仅会损坏玛瑙刀口，而且还会使吊耳发生偏斜，造成较大的称量误差。

(4)水平仪。

它固定在立柱后面的支架上，供校正天平的水平位置之用。调节天平两个前螺旋脚，使气泡位于水平仪圆圈的中央时，即达到水平位置。

(5)光学读数系统。

它的作用是通过放大镜将微分标牌的读数放大，在投影屏上直接读出 10mg 以下的数值。

(6)机械加码装置。

它是代替人工加减砝码的装置，有全机械加码和半机械加码两种形式。半机械加码装置由 8 个凸轮组成，由指数盘控制 8 个毫克组环码的起落。环码采用 1、2、5 组合法，各挡量值由 10mg、10mg、20mg、50mg 和 100mg、100mg、200mg、500mg 环码组成。转动指数盘可获取 10～990mg 的量值。TG－328B 型半自动电光天平的克组砝码仍需用手工操作。

操作指数盘要慢慢转动，一挡一挡地加减，否则会造成环码离钩、互挂或互碰现象，损害天平挡，严重影响称量。

(7)砝码。

TG－328B 型半自动电光天平还有一盒克组砝码，有 5、2、2、1 和 5、2、1、1、1 两种组合形式，砝码在出厂时都要经过校准鉴定。

为了保证称量的准确性，要保护好砝码，使其不被沾污、氧化或腐蚀；若因不慎掉在地上或实验台上应检查是否受到损坏，必要时需要重新校正；砝码使用一年后也需重新校正、检验。面值相同的砝码，它们之间的质量有微小的差异，其中一个打有标记以示区别，称量时一般先使用不带标记的。

(8)天平箱。

它的作用是保护天平，防尘、防潮，称量时减少外界因素的影响。箱的前门供安装、检修天平使用，侧门供称量时取、放砝码和称量物使用，但调零点或读数时必须关闭。三只天平足的后面一只是固定的，前面的两只是可调的，用来调整天平的水平位置。

全机械加码天平用的砝码全都是环码，由位于天平左侧的三个环码指数盘旋钮控制加减环码，其称量结果可直接在环码指数盘上读出，待测物质必须放在天平右盘上进行称量，其他结构与半机械加码天平大致相同。

2. 使用方法

进入天平室后，坐在自己需用的天平前，按下述方法进行操作：

(1)掀开防尘罩、叠好，放在分析天平箱上方。

检查天平是否正常：天平是否水平；秤盘是否洁净，否则，用软毛刷小心清扫；环码指数盘是否在"000"位；环码有无脱落；吊耳是否错位等。

(2)调节零点。

接通电源，轻轻顺时针旋转升降枢，启动天平，光屏上标尺停稳后，其中央的黑线若与标尺中的"0"线重合，即为零点(天平空载时平衡点)。如不在零点，差距小时，可调节微动调节杆，移动屏的位置，调至零点；如差距较大，关闭天平，调节横梁上的平衡螺丝，再开启天平，反复调节，直至零点。

(3)称量。

零点调好后，关闭天平。把称量物放在右盘中央，关闭右门；根据估计的称量物的质量，用环码指数盘旋钮加相应质量的环码，然后将天平升降枢半打开，观察标尺移动方向(标尺迅速往哪边跑，哪边就重)，以判断所加砝码是否合适并确定如何调整。按照原则加减环码，可迅速找到物体的质量范围。调节环码至10mg以后，完全启动天平，准备读数。

(4)读数。

砝码+环码的质量+标尺读数(均以克计)=被称物质量。

天平平衡后，关闭天平门，待标尺在投影屏上停稳后再读数，并及时记录在记录本上。读数完毕，应立即关闭天平。

(5)复原。

称量完毕，取出被称物放到指定位置，将砝码放回盒内，指数盘退回到"000"位，关闭两侧门，盖上防尘罩。登记，教师签字，凳子放回原处，再离开天平室。

3.1.6　电子天平

应用现代电子控制技术进行称量的天平称为电子天平。各种电子天平的控制方式和电路结构不相同，但其称量的依据都是电磁力平衡原理。

以FA1604型电子分析天平为例，简单介绍其安装和使用。

1. 电子天平的安装

电子天平的安装很简单，拆箱后，去除一切包装，取出风罩内缓冲海绵，装好秤盘。将天平置于稳定的工作台上，避免振动、阳光照射和气流。

2. 电子天平的使用方法

(1)天平在使用前观察水平仪，如水平仪水泡偏移，需调整水平调节脚，使水泡位于水平仪中心。

图3-4　电子天平

(2)选择合适电源电压，将电压转换开关置相应位置。天平接通电源，就开始通电工作，通常需预热后方可开启显示器进行操作使用。

(3)只要轻按一下“开机”键，显示器全亮，对显示器的功能进行检查后，进入称量模式。轻按“关机”键，显示器熄灭。若要较长时间不使用天平，应拔去电源线。

(4)天平校准，因存放时间较长，位置移动，环境变化或为获得精确测量，天平在使用前一般都应进行校准操作。校准天平按说明书进行。

(5)电子天平采用轻触按键，能实行多键盘控制，操作灵活方便，各功能的转换与选择，只需按相应的按键。

(6)称量操作。

称量：以上各模式待用户选定后，按“去皮”键，显示为0后，置被称物于秤盘，待数字稳定，即显示器左边的“0”标志熄灭后，该数字即为被称物的质量值。

去皮重：置容器于秤盘上，天平显示容器质量，按“去皮”键，显示0，即去皮重。再置被称物于容器中，这时显示的是被称物的净重。

累计称量：用去皮重称量法，将被称物逐个置于秤盘上，并相应逐一去皮清零，最后移去所有被称物，则显示数的绝对值为被称物的总质量值。

加物：按“积分”键，置容器于秤盘上，去皮重。将称物(液体或松散物)逐步加入容器中，能快速得到连续读数值。当加物达到所需称量，显示器最左边“0”熄灭，这时显示的数值即为用户所需的称量值。当加入混合物时，可用去皮重法，对每种物质计净重。

读取偏差：置基准砝码或样品于秤盘上，去皮重，然后取下基准码，显示其质量负值。再置称物于秤盘上，视称物比基准砝码重或轻，相应显示正或负偏差值。

(7)电子天平的维护与保养。电子天平必须小心使用，秤盘与外壳须经常用软布和牙膏轻轻擦洗，切不可用强酸性溶液擦洗。

3.1.7 分析天平的使用规则

(1)称量前先取下天平护罩、叠好，然后检查天平是否处于水平状态；刷去秤盘上的污垢和灰尘；检查并调整天平的零点。

(2)旋转天平开关旋钮或停动手钮时必须缓慢，要轻开、轻关，绝对禁止在天平开启状态取放称量物或加减砝码及环码，而且当砝码与被称物质量相差较大时，也不允许全开天平。称量时，应学会用“半开”天平的操作来决定砝码的加或减。

单盘电光天平允许“半开”时加减砝码，但不允许取放称量物，只有当砝码与被称物相差在100mg以内时才允许全开天平。双盘电光天平“半开”是为了判断指针倾斜方向及程度，不允许加减砝码及环码，只有当两盘相差在10mg范围内时才允许全开天平。

(3)读数和检查零点时必须全开天平，关好侧门，不得随意打开前门。

(4)试样和化学试剂均不得直接放在天平盘上称量，而应放在清洁干燥的表面皿、称量瓶或坩埚内；具有腐蚀性的气体或吸湿性物质必须放在称量瓶或其他适当的密闭容器中称量。

(5)砝码必须用镊子夹取，不可用手直接拿取，以免沾污砝码。砝码只能放在天平称盘上或砝码盒内，不得随意乱放；转动指数盘、减码手钮必须一挡一挡地慢慢进行，防止砝码跳落或互撞。大砝码及被称物应尽量放在秤盘的中央，这样可减少秤盘的晃动，也可使称量结果更加准确。

(6)绝对禁止载重超过天平的最大负载；为了减少称量误差，在同一实验中应使用同一台天平和与其配套的砝码，并注意相同面值砝码的区别，应优先使用不带标记的砝码。

(7)称量数据必须记录在实验记录本上，不得记在零碎纸上或其他地方。

(8)称量完毕关好天平，及时取出砝码及被称物；指数盘和读数窗复零位后检查称量后的零点；若称量后零点变化超过0.2mg，应检查出原因后重新称量；若有洒落在天平盘上的试样应及时用毛刷清刷掉，然后检查天平是否关好，侧门是否关上，最后罩上天平护罩，填好仪器使用记录。

(9)为了保证天平横梁的等臂性，称量的物体必须与天平箱内的温度一致，不得将过热或过冷的物体放进天平称量。

3.1.8　称量误差分析

称量误差主要来源如下：

(1)被称物(容器或试样)在称量过程中的条件发生变化。

①被称容器表面的湿度变化。烘干的称量瓶、灼烧过的坩埚等一般放在干燥器内冷却到室温后进行称量，它们暴露在空气中会因吸湿而使质量增加，空气湿度不同，吸附的水分不同，故称量试样要求速度要快。

②试样能吸附、放出水分或具有挥发性，使称量质量改变，灼烧产物都有吸湿性，应盖上坩埚盖称量。

③被称物温度与天平温度不一致。如果被称物温度较高，能引起天平臂不同程度的膨胀，且有上升的热气流，使称量结果小于真实值。应将烘干或灼烧过的器皿在干燥器中冷却至室温后称量，但在干燥器中不是绝对不吸附水分，因此坩埚等应保持相同的冷却时间后称量才易于恒重。

④容器包括加药品的塑料勺表面由于摩擦带电可能引起较大的误差，这点常被操作者忽略。故天平室湿度应保持在50%～70%，过于干燥使摩擦而积聚的电不易耗散。称量时要注意，如擦拭被称物后应多放一段时间再称量。

(2)天平和砝码不准确带来的误差。天平和砝码应定期检定(至多1年)，方法见有关规程。砝码的实际质量与标注质量不相符，可使用校正值消除，一般分析工作当不采用校正值时，要注意到克组砝码的质量允差较大。

(3)称量操作不当是初学者称量误差的主要来源，如天平未调整水平、称量前后零点变动、开启天平过重、吊耳脱落、天平摆动受阻未被发现等等，其中以开启天平过重、转动减码手钮过重、造成称量前后零点变动为主要误差，因此在称量前后检查天平零点是否变化是保证称量数据有效的一个简易方法。另外，如砝码读错、记录错误等虽属于不应有的过失误差，但也是初学者称量失误的主要原因。

(4)环境因素的影响。震动、气流、天平室温度太低或温度波动大等，均使天平变动性增大。

(5)空气浮力的影响。一般分析工作中所称的物体其密度小于砝码的密度，其体积比相应的砝码的体积大，在空气中所受的浮力也大，在精密的称量中要进行浮力校正，一般工作忽略此项误差。

3.2 DDS－11A型电导率仪的使用

图3－5　电导率仪

电导率仪(图3－5)是一款多量程仪器，能够满足从去离子水到海水等多种应用检测要求。仪器能够提供自动温度补偿，因此能够用于测量不同温度下的液体样品。它能够提供四个量程，在检测时应选择最为合适的量程。

1. 仪器量程显示范围

仪器设有四挡量程，其对应量程显示范围见表3－1。

表3－1　各量程段对应量程显示范围

序号	量程开关位置	仪器显示范围	对应量程显示范围/(μS/cm)
1	20μS	0～19.99	0～19.99
2	200μS	0～199.9	0～199.9
3	2mS	0～1.999	0～1999
4	20mS	0～19.99	0～19990

注：量程1、2挡，单位μS；量程3、4挡，单位mS。

其关系：$1\mu S = 10^{-3} mS = 10^{-6} S$。

2. 使用方法

(1)常数校正。

打开电源开关，适时等温。调节温度补偿旋钮，使其指示的温度值与溶液温度相同。调节常数校正旋钮，将仪器测量开关置“校正”挡，调节常数校正钮，使仪器显示电极的实际常数值。即当电极常数为1.00时，仪器应显示1.00。电极是否接上，仪器量程开关所在位置，不影响进行常数校正。

(2)测量。

经校正后，仪器可直接测量溶液的电导率。

将测量开关置“测量”挡，选用适当的量程挡，将清洁的电极插入被测液中，仪器显示该被测液在溶液温度下的电导率。

说明：一般情况下，溶液电导率是指该溶液在标准温度(25℃)时的电导率。当溶液温度不在25℃时，其溶液电导率会有一个变量。为等效消除这个变量，仪器设置了温度补偿功能。即当仪器采用温度补偿时，测得溶液电导率已换算为该溶液在25℃时的电导率值。

3. 仪器维护和注意事项

(1)电极应置于清洁干燥的环境中保存。

(2)电极在使用和保存过程中，因受介质、空气侵蚀等因素的影响，其电导池常数会有所变化，电导池常数发生变化后，需重新进行电导池常数测定，仪器应根据新测得的常数重新进行“常数校正”。

(3)测量时，为保证试样溶液不被污染，电极应用去离子水或二次蒸馏水冲洗干净，并用试样溶液适量冲洗。

(4)当溶液电导率小于1μS/cm时，应加测量槽作流动测量。

(5)选用仪器量程挡时，能在低一挡量程内测量的，不放在高一挡测量。在低挡量程内，若已超量程，仪器显示屏左侧第一位显示1(溢出显示)。此时，应选高一挡测量。

3.3　800电动离心机的使用

根据物质的沉降系数、质量、密度等的不同，应用强大的离心力使物质分离、浓缩和提纯的方法称为离心。离心机是借离心力分离液相非均一体系的设备。

800电动离心机属常规实验室使用仪器，广泛应用于生物、化学、医药等科研教育和生产部门，低速台式离心机最高转速为4000r/min。

离心机应放置在水平坚固的地板或平台上，并力求使机器处于水平位置，以免离心时造成机器震动。

图3-6　电动离心机

其使用方法如下：

(1)开启离心机盖，将内腔及转头擦拭干净。

(2)装放称量一致的离心试管，如只需离心一个(或不成对的)样本，必须将另一空离心试管装入相同质量的溶液，放置于离心机支架对称位置的管架中，以达到平衡。离心液面距离心试管口至少应留2cm的距离，以免离心时离心液溅出。

(3)盖好离心机盖，设定时间，合上电源开关。

(4)调节调速旋钮，升至所需转速。每次停机前，必须将调速旋钮置于最小位置。

(5)关闭电源开关，切断电源。必须等离心机逐渐缓慢减速直至停止转动后方可打开离心机盖，取出被离心样品(不能用手助停，以免沉淀物泛起、损坏离心转轴、碰伤人的肢体等)。

(6)擦拭内腔及转头，关闭离心机盖。

3.4 pHS-3C 型酸度计

pHS-3C 型酸度计(图 3-7)是一种精密数字显示 pH 计，它适用于精确测定水溶液的 pH 值和电极电位，也可直接用来显示电位滴定的终点，其测量范围宽、重现性好。其使用方法如下：

图 3-7 酸度计

(1)仪器使用前的准备。

接通电源前，先检查供电电源电压是否与本仪器相符，为使仪器工作稳定，仪器应具有良好的接地。将复合玻璃电极按要求接好，置于蒸馏水中，并使加液口外露。

(2)预热。

开启电源开关，将短路端子接至复合玻璃电极插孔，mV 挡时仪器显示 000mV 或 -000mV，pH 挡时仪器显示 6~8。经初步校验后，如仪器工作正常，预热 10min 后进行标定。

(3)仪器的标定(两点标定法)。

将已配制好的标准缓冲溶液分别倒少许于烧杯中，拔去复合玻璃电极保护套并与仪器相接，按下“pH”键，将复合玻璃电极清洗干净，用滤纸吸干。将复合玻璃电极插入 pH 6.86 标准缓冲溶液中，调节仪器“温度”补偿旋钮至该溶液实际温度，调节“定位”调节旋钮使仪器显示值为该标准缓冲溶液在该温度下的 pH 值，取出电极，用蒸馏水清洗干净，再将电极插入 pH 4.00 或 pH 9.18 标准缓冲溶液中，调节“斜率”调节旋钮使仪器显示值为该标准缓冲溶液在该温度下的 pH 值，在两标准缓冲溶液间重复操作 3 次，如读数稳定，则仪器标定结束。

(4)测量溶液的 pH 值。

取出电极，用蒸馏水冲洗干净，并用滤纸吸干后将复合玻璃电极插入待测溶液中，搅拌均匀，读数稳定后仪器显示的数值即是该溶液的 pH 值。

(5)测量溶液的电极电位：

①将所需的离子选择性电极和参比电极按要求接好，按下“mV”键。

②将电极用蒸馏水冲洗干净，并用滤纸吸干后插入待测溶液中，搅拌均匀，仪器显示的数值即是该溶液的电极电位。

注意事项：

(1)注意保护电极，防止损坏或污染。

(2)电极插入溶液后要充分搅拌均匀(2~3min)，待溶液静止后(2~3min)再读数。

(3)复合玻璃电极和饱和甘汞电极补充参比补充液，复合玻璃电极的外参比补充液是

3mol/L 的 KCl 溶液，饱和甘汞电极的电极补充参比补充液是饱和 KCl 溶液。电极的引出端必须保持干净和干燥，绝对防止短路。

(4)仪器标定好后，不能再动“定位”和“斜率”旋钮，否则必须重新标定。

3.5　722 型可见分光光度计

1. 构造原理

722 型分光光度计由光源、单色器、样品室、光电管暗盒、电子系统及数字显示器等部件组成，其外部结构如图 3-8 所示。722 型分光光度计能在可见光谱区域内对样品物质做定量分析，有较高的灵敏度、准确性和选择性。

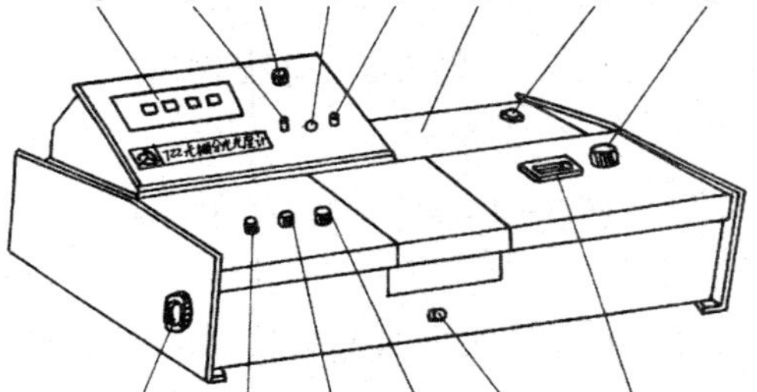

图 3-8　722 型分光光度计外部结构示意图

1—数字显示器；2—吸光度调零旋钮；3—选择开关；4—吸光度调斜率电位器；5—浓度旋钮；6—光源室；7—电源开关；8—波长手轮；9—波长刻度窗；10—试样架拉手；11—100% T 旋钮；12—0% T 旋钮；13—灵敏度调节旋钮；14—干燥器

2. 使用方法

(1)预热仪器。

将选择开关置于“T”，打开电源开关，使仪器预热 20min。

(2)选定波长。

根据实验要求，转动波长手轮，调至所需要的单色波长。

(3)固定灵敏度挡。

在能使空白溶液很好地调到“100%”的情况下，尽可能采用灵敏度较低的挡，使用时，首先调到“1”挡，灵敏度不够时再逐渐升高。但换挡改变灵敏度后，须重新校正“0%”和“100%”。选好的灵敏度，实验过程中不要再变动。

(4)调节 T=0%。

打开样品室盖，轻轻旋动“0%”旋钮，使数字显示为“0.00”。

(5)调节 T=100%。

将盛蒸馏水或空白溶液的比色皿放入比色皿座架中的第一格内，并对准光路，把样品室盖轻轻盖上，调节透过率“100%”旋钮，使数字显示正好为“100.0”。

(6)吸光度的测定。

将选择开关置于“A”，盖上样品室盖，将空白液置于光路中，调节吸光度调节旋钮，使数字显示为“0.00”。将盛有待测溶液的比色皿放入比色皿座架中的其他格内，盖上样品室盖，轻轻拉动试样架拉手，使待测溶液进入光路，此时数字显示值即为该溶液的吸光度值。读数后，打开样品室盖，切断光路。

重复上述测定操作1～2次，读取相应的吸光度值，取平均值。

(7)浓度的测定。

选择开关由“A”旋置“C”，将已标定浓度的样品放入光路，调节浓度旋钮，使得数字显示为标定值，将被测样品放入光路，此时数字显示值即为该待测溶液的浓度值。

(8)关机。

实验完毕，切断电源，将比色皿取出洗净，并将比色皿座架用软纸擦净。

3. 注意事项

(1)为了防止光电管疲劳，不测定时必须将样品室盖打开，切断光路，以延长光电管的使用寿命。

(2)取拿比色皿时，手指只能捏住比色皿的毛玻璃面，而不能碰比色皿的光学表面。

(3)清洗比色皿时，一般先用自来水冲洗，再用蒸馏水洗净。若比色皿被有机物沾污，可用盐酸－乙醇混合液(1∶2)浸泡片刻，再用水冲洗。不能用碱溶液或氧化性强的洗涤液洗，以免损坏。也不能用毛刷清洗比色皿，以免损伤它的透光面。每次做完实验应立即洗净比色皿。比色皿外壁的水先用滤纸吸干，然后再用擦镜纸或细软的吸水纸擦拭，以保护透光面。

(4)比色皿应配套使用，成套同种厚度比色皿之间透光率之差应不大于0.5%。

(5)测量溶液吸光度时，一定要用被测溶液润洗比色皿内壁数次，以免改变被测溶液的浓度。在测定一系列溶液的吸光度时，通常都是从稀到浓的顺序测定，以减小测量误差。

(6)在实际分析工作中，通常根据溶液浓度的不同，选用不同规格光径长度的比色皿，使溶液的吸光度控制在0.2～0.8，以提高测定的准确度。

3.6 752型紫外可见分光光度计

1. 构造原理

752型分光光度计在构造原理上与722型分光光度计非常相似，也是由光源、单色器、样品室、光电管暗盒、电子系统及数字显示器等部件组成。其外部结构与722型几乎一样，只是在电源开关的边上多了一个氢灯开关。752型分光光度计能在紫外和可见光谱区域内对样品物质做定量分析，应用范围比722型分光光度计更广。

2. 使用方法

(1)预热仪器。

将选择开关置于“T”，按下“电源”开关，钨灯点亮，如不需要使用钨灯，可用“钨灯”开关将它关闭。按下“氢灯”开关，氢灯电源接通；再按“氢灯触发”按钮，氢灯点亮，仪器预热20min。

(2)选定波长。

根据实验要求，转动波长手轮，调至所需要的单色波长。

(3)固定灵敏度挡。

首先调到“1”挡，灵敏度不够时再逐渐升高，但换挡改变灵敏度后，须重新校正“0%”和“100%”。选好的灵敏度，实验过程中不要再变动。

(4)调节T=0%。

打开样品室盖，轻轻旋动“0%”旋钮，使数字显示为“0.00”。

(5)调节T=100%。

将盛蒸馏水或空白溶液的比色皿放入比色皿座架中的第一格内(波长在360nm以上时，可以用玻璃比色皿；波长在360nm以下时，需用石英比色皿)，并对准光路，把样品室盖轻轻盖上，调节透过率“100%”旋钮，使数字显示正好为“100.0”。如果显示不到100.0，则可适当增加灵敏度的挡数，再重新调节“0%”与“100%”。

(6)吸光度的测定。

将选择开关置于“A”，盖上样品室盖，将空白液置于光路中，调节吸光度调节旋钮，使数字显示为“0.00”。将盛有待测溶液的比色皿放入比色皿座架中的其他格内，盖上样品室盖，轻轻拉动试样架拉手，使待测溶液进入光路，此时数字显示值即为该溶液的吸光度值。读数后，打开样品室盖，切断光路。

(7)关机。

实验完毕，切断电源，将比色皿取出洗净，并将比色皿座架用软纸擦净。

第4章　无机化学实验

4.1　测定性实验

实验一　化学反应速率和化学平衡

【实验目的】

(1)掌握浓度、温度及催化剂对化学反应速率的影响。

(2)掌握浓度、温度对化学平衡的影响。

(3)学会通过测定过二硫酸铵与碘化钾反应计算化学反应速率的方法。

【实验原理】

在水溶液中，过二硫酸铵$(NH_4)_2S_2O_8$和碘化钾(KI)发生如下反应：

$$S_2O_8^{2-} + 3I^- = 2SO_4^{2-} + I_3^- \quad (4-1)$$

根据速率方程，该反应的反应速率v可表示为：$v = \frac{\Delta[S_2O_8^{2-}]}{\Delta t}$

式中v为Δt时间内的平均反应速率，$S_2O_8^{2-}$和I^-分别为$S_2O_8^{2-}$和I^-的起始浓度。

为了能够测出反应在时间内$S_2O_8^{2-}$离子浓度的改变值，在混合$(NH_4)_2S_2O_8$和KI的同时，加入一定体积已知浓度的$Na_2S_2O_3$溶液和淀粉溶液，这样在反应方程式(4-1)进行的同时，也进行着下列反应：

$$2S_2O_3^{2-} + I_3^- = S_4O_6^{2-} + 3I^- \quad (4-2)$$

反应式(4-2)的速率比反应式(4-1)的速率快得多，因此由反应式(4-1)生成的I_3^-立即与$S_2O_3^{2-}$离子反应，生成无色的$S_4O_6^{2-}$和I^-离子。但是一旦$Na_2S_2O_3$耗尽，反应生成的微量I_3^-就立即与淀粉作用，使溶液呈现蓝色。而且，$S_2O_8^{2-}$浓度减少的量为$S_2O_3^{2-}$浓度减少量的一半，即：$\Delta[S_2O_8^{2-}] = \frac{\Delta[S_2O_3^{2-}]}{2}$

记录从反应开始到溶液变蓝色所需时间Δt。由于在Δt内$S_2O_3^{2-}$离子全部耗尽，所以$\Delta[S_2O_3^{2-}]$实际上为$Na_2S_2O_3$的起始浓度，因此可根据Δt和$\Delta[S_2O_3^{2-}]$计算出反应速率。

【仪器与试剂】

仪器：150mL 烧杯、10mL 量筒、100mL 量筒、秒表、温度计、水浴锅、酒精灯。

试剂：0.20mol/L $(NH_4)_2S_2O_8$、0.20mol/L KI、0.01mol/L $Na_2S_2O_3$、0.20mol/L KNO_3、0.20mol/L $(NH_4)_2SO_4$、0.02mol/L $Cu(NO_3)_2$、0.2%淀粉溶液。

【实验内容】

1. 浓度对化学反应速率的影响

在室温下，用3个量筒(贴上标签，以免混淆)分别量取0.20mol/L KI溶液20mL、0.01mol/L $Na_2S_2O_3$溶液8.0mL和0.2%淀粉溶液4.0mL，均倒入150mL干燥洁净的烧杯中，混合均匀。再用另一量筒(贴上标签)量取0.20mol/L $(NH_4)_2S_2O_8$溶液20mL，迅速倒入烧杯中，同时按动秒表，并不断搅拌，仔细观察。当溶液刚出现蓝色时，立即按停秒表，记录反应时间和室温。

用同样的方法按照表4-1的用量进行另外4次实验。为了使每次实验中溶液的离子强度和总体积保持不变，可分别用0.20mol/L KNO_3溶液和0.20mol/L $(NH_4)_2SO_4$溶液补足。

将实验数据及计算结果填入表4-1中，并得出结论。

表4-1　浓度对化学反应速率的影响　　温度______℃

实验项目 \ 实验序号	1	2	3	4	5
0.20mol/L KI溶液/mL	20	20	20	10	5
0.01mol/L $Na_2S_2O_3$ 溶液/mL	8.0	8.0	8.0	8.0	8.0
0.2%淀粉溶液/mL	4.0	4.0	4.0	4.0	4.0
0.20mol/L KNO_3 溶液/mL	—	—	—	10	15
0.20mol/L $(NH_4)_2SO_4$ 溶液/mL	—	10	15	—	—
0.20mol/L $(NH_4)_2S_2O_8$ 溶液/mL	20	10	5	20	20
KI溶液/(mol/L)					
$Na_2S_2O_3$ 溶液/(mol/L)					
$(NH_4)_2S_2O_8$ 溶液/(mol/L)					
反应时间 Δt/s					
$\Delta[S_2O_8^{2-}]$/(mol/L)					
反应的平均速率 $v=\frac{\Delta[S_2O_8^{2-}]}{\Delta t}$					

2. 温度对反应速率的影响

按表4-1实验序号4中的用量，在一个50mL烧杯中加入KI、$Na_2S_2O_3$、淀粉和KNO_3溶液，另一个50mL烧杯中加入$(NH_4)_2S_2O_8$溶液，然后将两个50mL烧杯同时放在水浴锅中加热。当温度高于室温10℃左右时，将$(NH_4)_2S_2O_8$溶液迅速倒入KI等混合液中，同时记时并不断搅动，当溶液刚出现蓝色时，记录反应时间。

利用水浴锅在高于室温20℃、30℃条件下，将上述实验重复2次，记录反应时间。算出4个温度下的反应速率v，将表4-1中第4组实验及以上3组实验的数据及计算结果填入表4-2中，并得出结论。

表 4-2 温度对化学反应速率的影响

实验序号	4	6	7	8
反应温度 K/℃				
反应时间 t/s				
反应速率 v/[mol/(L·s)]				

3. 催化剂对反应速率的影响

按表 4-1 实验序号 4 的用量，将 KI、$Na_2S_2O_3$、KNO_3和淀粉溶液加到 50mL 烧杯中，再加入 2 滴 0.02mol/L $Cu(NO_3)_2$溶液，搅匀，然后迅速加入$(NH_4)_2S_2O_8$溶液，同时按下秒表，不断搅动，待溶液刚一出现蓝色即停下秒表，记时，计算反应速率。将此实验的反应速率与实验序号 4 的反应速率进行比较，得出结论。

表 4-3 催化剂对化学反应速率的影响

实验序号	4	9
反应时间 t/s		
反应速率 v/[mol/(L·s)]		

4. 浓度对化学平衡移动的影响

取 2 支试管，分别向试管中加入 1mL 0.1mol/L $K_2Cr_2O_7$溶液。然后向第 1 支试管中加入 3~10 滴浓 H_2SO_4溶液，向第 2 支试管中滴加 10~20 滴 6mol/L NaOH 溶液。观察记录溶液颜色变化，并解释之。

5. 温度对化学平衡移动的影响

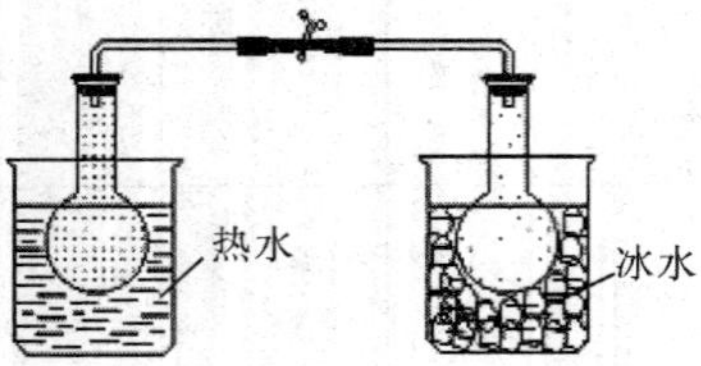

图 4-1 NO_2 平衡仪

按图 4-1 所示，将 NO_2平衡仪两个玻璃球分别浸泡在冰水浴和热水浴中，观察两个玻璃球中气体颜色的变化，指出平衡移动方向，并解释之。

【思考题】

(1)本实验中，为什么要加入淀粉溶液?

(2)本实验中，通过实验数据如何求得反应级数与反应速度常数?

实验二 电导率法测定硫酸钡的溶度积

【实验目的】

(1)熟悉沉淀的生成、陈化、离心分离、洗涤等基本操作。

(2)掌握饱和溶液的制备方法。

(3)理解难溶电解质溶度积测定的一种方法。

(4)学习电导率仪的正确使用。

【实验原理】

难溶电解质的溶解度很小，很难直接测定。但是只要有溶解作用，溶液中就有电离出来的带电离子，就可以通过测定该溶液的电导或电导率，再根据电导与浓度的关系，计算出难溶电解质的溶解度，从而换算出溶度积。

1. 电导和电导率

电解质溶液导电能力的大小，可以用电阻 R 或电导 G 来表示，两者互为倒数，即：

$$G=\frac{1}{R} \tag{4-3}$$

电导的单位为西(西门子，siemans)，符号为S。

在一定温度下，两电极间溶液的电阻值与两极间的距离 l 成正比，与电极面积 A 成反比：

$$R\propto\frac{1}{A}\text{或}R=\rho\frac{1}{A} \tag{4-4}$$

ρ 为比例常数，称为电阻率，它的倒数称为电导率，以 κ 表示

即：$\kappa=\frac{1}{\rho}$，单位为S/m。

由式(4-3)和式(4-4)可得：

$$G=\kappa\frac{A}{1}\text{或}\kappa=\frac{1}{A} \tag{4-5}$$

电导率 κ。表示相距1m、面积为 $1m^2$ 的两个电极之间的电导。式(4-5)中 $\frac{1}{A}$ 称为电极常数或电导池常数，因为在电导池中，所用的电极距离和面积是一定的，所以对某一电极来说为常数。

由于实际应用中 G 的单位S太大，因此常采用毫西(mS)或微西(μS)，而1的单位则用cm表示，即 $1S/cm=10^3mS/cm=10^6\mu S/cm$。

2. 摩尔电导率和溶度积

在一定温度下，相距1m的两个平行电极之间含有1mol电解质溶液的电导率称为摩尔电导，以 Λ_m 表示，单位为 $S\cdot m^2/mol$ 即：

$$\Lambda_m=\frac{\kappa}{c} \tag{4-6}$$

对于溶解度很小的 $BaSO_4$，只要测得其饱和溶液的电导率或电导，利用式(4-6)就能计算出 $BaSO_4$ 的浓度(即溶解度)，进而计算出其溶度积：

$$c(BaSO_4)=\frac{\kappa(BaSO_4)}{1000\Lambda_m(BaSO_4)} \tag{4-7}$$

在 $BaSO_4$ 的饱和溶液中，存在着下列平衡：

$$BaSO_4 \rightleftharpoons Ba^{2+}+SO_4^{2-}$$

其一定温度下的溶度积为：

$$K_{SP}^{\theta}(BaSO_4) = \{C(Ba^{2+})/c^{\theta}\} = \{C(BaSO_4)/c^{\theta}\}^2 \tag{4-8}$$

但是在实验中，所测得的 $BaSO_4$ 饱和溶液的电导率或电导，包含有水电离出的 H^+ 和 OH^-，所以计算时必须减去，即：

$$\kappa(BaSO_4) = \kappa(BaSO_4\ 溶液) - \kappa(H_2O) \tag{4-9}$$

或

$$G(BaSO_4) = G(BaSO_4\ 溶液) - G(H_2O) \tag{4-10}$$

至此，根据式(4-7)至式(4-10)可以得出硫酸钡溶度积的计算式为：

$$K_{SP}^{\theta}(BaSO_4) = \left\{\frac{\kappa(BaSO_4\ 溶液) - \kappa(H_2O)}{1000\Lambda_m(BaSO_4)}\right\}^2 \tag{4-11}$$

$$K_{SP}^{\theta}(BaSO_4) = \left\{\frac{\kappa(BaSO_4\ 溶液) - \kappa(H_2O) \times 10^{-4}}{28.728}\right\}^2 \tag{4-12}$$

在25℃时，根据式(4-5)、式(4-10)和式(4-11)也可以得到：

$$K_{SP}^{\theta}(BaSO_4) = \left\{\frac{G(BaSO_4\ 溶液) - G(H_2O)}{1000\Lambda_m(BaSO_4)}\right\} \tag{4-13}$$

【仪器与试剂】

仪器：雷磁 DDS-11A 型电导率仪、离心机、DJS-1 型铂光亮电极。

试剂：酸 0.05mol/L H_2SO_4；

盐 0.05mol/L $BaCl_2$、0.01mol/L $AgNO_3$。

【实验内容】

1. $BaSO_4$沉淀的制备

量取 0.05mol/L $BaCl_2$溶液$BaCl_2$和 H_2SO_4溶液各 30mL，分别倒入两个小烧杯中。

将 $H_2SO_4H_2SO_4$溶液加热至近沸时，在不断搅拌下，逐滴(一定要慢)将$BaCl_2$溶液加入到 H_2SO_4溶液中，加完后以表面皿作盖，继续加热煮沸 5min，再小火保温 10min，搅拌数分钟后，取下静置、陈化。当沉淀上面的溶液澄清时，用倾析法倾去上层清液。

将沉淀和少量余液，用玻璃棒搅成乳状，分次转移至离心管中，进行离心分离，弃去溶液。

在小烧杯中盛约 40mL 蒸馏水，加热近沸，洗涤离心管中的 $BaSO_4$沉淀，每次用量约为 4~5mL，用玻璃棒将沉淀充分搅拌，再离心分离，弃去洗涤液。重复洗涤至洗涤液中无 Cl^- 为止(一般洗涤至第四次时，就可进行有无 Cl^- 的检查，具体操作可参见2.6)。

2. $BaSO_4$饱和溶液的制备

在上面制得的纯 $BaSO_4$沉淀中，加入少量水，用玻璃棒将沉淀搅混后，全部转移到小烧杯中，再加 60mL 蒸馏水，搅拌均匀后，以表面皿作盖，加热煮沸 3~5min，稍冷后，再置于冷水浴中搅拌 5min，重新浸在另一盛有少量冷水的水浴中静置，冷却至室温。当沉淀至上面的溶液澄清时，即可进行电导或电导率的测定。

3. 电导率的测定

(1)测定配制 $BaSO_4$饱和溶液的蒸馏水的电导率。

(2)测定 $BaSO_4$饱和溶液的电导率。

室温/℃	$\kappa(BaSO_4)$溶液/(μS/cm)	$\kappa(H_2O)$/(μS/cm)

【计算和讨论】

(1)计算 $BaSO_4$的溶度积。

(2)计算实验的相对误差，并讨论产生实验误差的原因。

【思考题】

(1)制备 $BaSO_4$时，为什么要洗涤至无 Cl^-？

(2) 制备 $BaSO_4$饱和溶液时，溶液底部一定要有沉淀吗？

(3)在测定 $BaSO_4$的电导时，水的电导为什么不能忽略？

实验三　醋酸电离度和电离平衡常数的测定

【实验目的】

(1)掌握利用电导率法和 pH 计法测定醋酸电离度和电离平衡常数的方法。

(2)学习正确使用 pH 计。

(3)熟练掌握电导率仪的使用方法。

【实验原理】

醋酸(CH_3COOH 或 HAc)是弱电解质，在水溶液中存在以下电离平衡：

$$HAc \rightleftharpoons H^+ + Ac^-$$

其平衡关系式为：$K_a = \frac{[H^+][Ac^-]}{[HAc]}$

设 HAc 的起始浓度为 c，H^+、Ac^-、HAc 的平衡浓度分别为$[H^+]$、$[Ac^-]$、$[HAc]$，α 为电离度，K_a为电离平衡常数。

在纯 HAc 溶液中，$[H^+] = [Ac^-] = c\alpha$　　$[HAc] = c(1-\alpha)$，

则 $\alpha = \frac{[H^+]}{c} \times 100\%$　　$K_a = \frac{[H^+][Ac^-]}{[HAc]} = \frac{[H^+]^2}{c-[H^+]}$

当 $\alpha < 5\%$ 时，$c-[H^+] \approx c$，故 $K_a = \frac{[H^+]^2}{c}$

根据以上关系，通过测定已知浓度 HAc 溶液的 pH 值，即可以计算出 HAc 溶液的电离度 α 和电离平衡常数 K_a。

此外，在一定温度下，同一电解质不同浓度溶液的电导只与溶解的电解质总量和溶液的电离度有关。例如，把含 1mol 的电解质溶液放在相距 1cm 的两平行电极间，这时无论怎样稀释，溶液的电导只与电解质的电离度有关，在这个条件下测得的电导称为该电解质的当量电导，用 λ 表示。则 λ 与 κ 的关系为：$\lambda = \kappa v = \kappa 1000/c$，式中 v 为 1mol 的电解质

溶液体积(mL)，c 为溶液浓度。对于弱电解质来说，在无限稀释时，可看作完全电离，这时可用 λ_{∞} 表示它的当量电导。在一定温度下弱电解质的 λ_{∞} 是一定的，HAc 在 25℃时 λ_{∞} 为 390.7。

对于弱电解质来说，某浓度时的电离度等于该浓度时的 λ 与 λ_{∞} 之比：

$\alpha = \lambda/\lambda_{\infty}$，将此式代入 $K_a = c\alpha^2/(1-\alpha)$，则可得到 $K_a = \dfrac{c\lambda^2}{\lambda_{\infty}(\lambda_{\infty}-\lambda)}$

这样可以从实验测定浓度为 c 的醋酸溶液的电导率 κ 后，再根据 $\lambda = \kappa \cdot 1000/c$，即可求出 λ，从而也可求出 HAc 溶液的 K_a。

【仪器与试剂】

仪器：电导率仪、pH 计、复合玻璃电极、50mL 酸式滴定管、50mL 碱式滴定管、10mL 吸量管、25mL 移液管。

试剂：0.1mol/L HAc(已标定)、0.2mol/L HAc(已标定)、酚酞指示剂。

【实验内容】

1. 电导率法测定

(1)配制不同浓度的醋酸溶液

将 4 只烘干的 100mL 烧杯编成 1～4 号。在 1 号烧杯中，利用酸式滴定管准确加入 2.00mL 0.1mol/L HAc 溶液，再用碱式滴定管准确加入 28.00mL 蒸馏水。用同样方法配制成不同浓度的 HAc 溶液，见表 4-4。

表 4-4　电导率法测定相关数据　　　　温度______℃

烧杯号	HAc 的体积/mL	H_2O 的体积/mL	配制成的 HAc 浓度	$\kappa/(\Omega\cdot cm)^{-1}$	λ	α	K_a	$\overline{K_a}$
1	2.00	28.00						
2	4.00	26.00						
3	8.00	22.00						
4	16.00	14.00						

(2)溶液电导率的测定

用电导率仪分别测定 1～4 号烧杯中 HAc 溶液的电导率，计算出溶液的 λ 和 K_a，并求出 4 次测定结果的平均值。

2. pH 计法测定

(1)配制不同浓度的 HAc 溶液

用移液管和吸量管分别移取已测得准确浓度的 0.2mol/L HAc 溶液 25.00mL、10.00mL、5.00mL、2.50mL 于四个 50mL 容量瓶中，用蒸馏水稀释至刻度，摇匀，备用。

(2)测定醋酸溶液的 pH 值

把以上四种不同浓度的 HAc 溶液分别倒入四只洁净干燥的 50mL 烧杯中，按由稀到浓的次序在 pH 计上分别测定它们的 pH 值，记录数据和室温，并将有关数据填入表 4-5 中。

表 4-5　pH 计法测定相关数据　　　　温度______℃

溶液编号	c/(mol/L)	pH 值	$[H^+]$/(mol/L)	α	电离平衡常数 K_a	
					测定值	平均值
1						
2						
3						
4						

本实验测定的 K_a 值在 $(1.0 \sim 2.0) \times 10^{-5}$ 范围内合格(25℃的文献值为 1.76×10^{-5})。

【注意事项】

(1)在对酸度计的定位完成后，不能再动定位调节旋纽，否则应重新定位。

(2)在对标准醋酸溶液进行取液前，应看清移液管或吸量管上是否有“吹”的标记，有“吹”的则应将移液管尖嘴的液体吹入容量瓶，无“吹”的则不可用外力使尖嘴处的液体流出，因为移液管的容积不包括尖嘴处残留的液体。

(3)盛装不同浓度的四只小烧杯应清洗洁净并用滤纸擦干待用。

(4)测定醋酸溶液前应将复合玻璃电极用蒸馏水清洗并用滤纸将玻璃表面水分吸干。

【思考题】

(1)电解质溶液导电的特点是什么?

(2)弱电解质溶液的电离度与哪些因素有关?

(3)测定 HAc 溶液的电导率时，溶液的浓度为什么要由稀到浓?

实验四　水的纯化及纯度测定

【实验目的】

(1)熟悉自来水中含有的主要杂质。

(2)掌握离子交换法制取去离子水的原理和方法。

(3)掌握主要杂质离子的定性鉴定方法。

【实验原理】

工农业生产、科学研究和日常生活用水，对水质各有一定的要求。自来水中常溶有钠、镁、钙的碳酸盐和酸式碳酸盐、硫酸盐和氯化物以及某些气体和有机物等杂质，为了去除水中的杂质，常采用蒸馏法和离子交换法。本实验利用离子交换法制取去离子水。

常用的离子交换树脂是人工合成的不溶于水的固态高分子聚合物。它具有网状骨架结构，在其骨架结构上含有许多活性官能团，可以和溶液中的阳离子或阴离子进行选择性的离子交换。例如，目前应用广泛的聚苯乙烯磺酸型阳离子交换树脂，就是苯乙烯和一定量的二乙烯苯的共聚物，经浓硫酸处理，在共聚物的苯环上引入磺酸基($—SO_3H$)而制得。它是强酸型阳离子交换树脂，用 $R—SO_3H^+$ 表示，R 代表共聚物母体，其中 H^+ 可以与溶液中的金属离子进行交换。

如果共聚物的网状骨架中引入各种胺基，就成为阴离子交换树脂。例如，季铵基强碱型阴离子交换树脂，用 $R—N(CH_3)_3OH^-$ 表示，其中 OH^- 可以与溶液中的阴离子进行交换。

自来水流经阳离子交换树脂时，水中的阳离子如 Na^+、Ca^{2+}、Mg^{2+} 等被树脂交换吸附，并发生如下反应：

$$R—SO_3H^+ + Na^+ \longrightarrow R—SO_3Na^+ + H^+$$

$$2R—SO_3H^+ + Ca^{2+} \longrightarrow (R—SO_3)Ca^{2+} + 2H^+$$

$$2R—SO_3H^+ + Mg^{2-} \longrightarrow (R—SO_3)Mg^{2-} + 2H^+$$

从阳离子交换树脂出来的水流经阴离子交换树脂时，水中的阴离子如 Cl^-、SO_4^{2-}、CO_3^{2-} 等被树脂交换吸附，并发生如下反应：

$$R—N(CH_3)_3OH^- + Cl^- \longrightarrow R—N(CH_3)_3Cl^- + OH^-$$

$$2R—N(CH_3)_3OH^- + SO_4^{2-} \longrightarrow (R—N(CH_3)_3)_2SO_4^{2-} + 2OH^-$$

$$2R—N(CH_3)_3OH^- + CO_3^{2-} \longrightarrow (R—N(CH_3)_3)_2CO_3^{2-} + 2OH^-$$

阳离子交换树脂中产生的 H^+ 和阴离子交换树脂中产生的 OH^- 结合成水：

$$H^+ + OH^- \longrightarrow H_2O$$

对去离子水的水质检测包括：

(1)用电导率仪测定电导。

(2)用铬黑 T 检验 Mg^{2+}：在 pH 值为 8～11 的溶液中，铬黑 T 本身显蓝色，若样品溶液中含有 Mg^{2+}，则与铬黑 T 形成葡萄酒红色。

(3)用 $AgNO_3$ 溶液检验 Cl^-。

(4)用 $BaC1_2$ 溶液检验 SO_4^{2-}。

(5)用钙指示剂检验 Ca^{2+}：游离的钙指示剂呈蓝色，在 $pH>12$ 的碱性溶液中，它能与 Ca^{2+} 结合显红色。在此 pH 值下 Mg^{2+} 不干扰 Ca^{2+} 的检验，因为 $pH>12$ 时，Mg^{2+} 已生成 $Mg(OH)_2$ 沉淀。

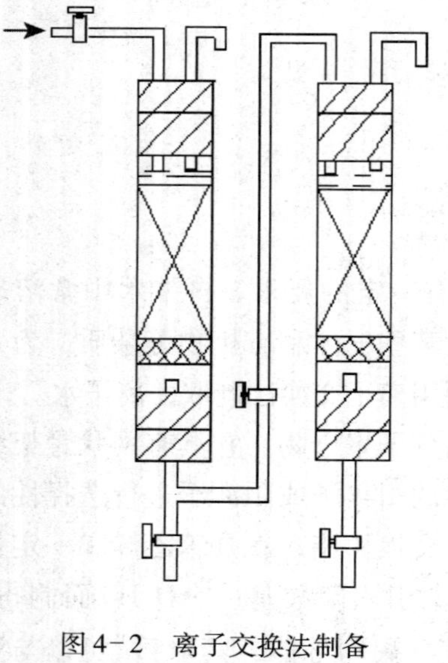

图 4-2　离子交换法制备去离子水装置示意图

【仪器与试剂】

仪器：雷磁 DDS－11A 型电导率仪、DJS－1 型铂光亮电极、离子交换装置 1 套。

试剂：732 强酸型阳离子交换树脂、711 强碱型阴离子交换树脂、0.1mol/L $AgNO_3$、1mol/L $BaCl_2$、铬黑 T、钙指示剂。

其他：pH 试纸、玻璃纤维。

【实验内容】

1. 装柱

装置流程如图 4-2 所示。

阳离子交换柱：柱内装有阳离子交换树脂，在底部有孔橡皮塞上面，放有一层支撑树脂用的玻璃纤维或玻璃布，橡皮塞中装有一根T形玻璃管，用来连接取样管和阴离子交换柱。取样时，旋转取样管上的旋塞，水样即可流出。取样管也可用乳胶管和T形玻璃管连接，乳胶管内装有一颗玻璃珠，取样时，手捏玻璃珠，水样即可流出，其操作和碱式滴定管相同。

阴离子交换柱：柱内装有阴离子交换树脂(体积均为阳离子交换树脂的两倍)。下面橡皮管中也装有T形玻璃管，用来取样。

2. 交换

依次使自来水流过阳离子交换柱和阴离子交换柱。

3. 水质检测

依次取自来水试样、阳离子交换柱流出液、阴离子交换柱流出液样品进行以下项目的检测。

(1)用电导率仪分别检测自来水和阴离子交换柱流出液的电导。

(2)用铬黑T检验Mg^{2+}。

用2支洁净的试管取自来水试样和阳离子交换柱流出液各1mL，分别加入1滴2mol/L氨水和少量固体铬黑T指示剂。根据颜色判断有无Mg^{2+}。

(3)用钙指示剂检验Ca^{2+}。

用2支洁净的试管取自来水试样和阳离子交换柱流出液各1mL，分别加入2滴2mol/L NaOH溶液，再加入少许钙指示剂。观察溶液颜色，判断有无Ca^{2+}。

(4)用$AgNO_3$溶液检验Cl^-。

用2支洁净的试管取自来水试样和阴离子交换柱流出液各1mL，分别加入2滴2mol/L HNO_3溶液，再加入2滴0.1mol/L $AgNO_3$溶液。观察有无白色沉淀产生。

(5)用$BaCl_2$溶液检验SO_4^{2-}

用2支洁净的试管取自来水试样和阴离子交换柱流出液各1mL，分别加入2滴1mol/L $BaCl_2$溶液。观察有无白色沉淀产生。

根据实验结果做出结论。

【思考题】

(1)自来水中主要无机杂质是什么?

(2)为何要用阴离子交换树脂及阳离子交换树脂制取去离子水?

4.2　验证性实验

实验五　缓冲溶液的配制与性质

【实验目的】

(1)掌握缓冲溶液的配制及实验操作方法。

(2)熟悉缓冲溶液的缓冲作用。

(3)熟悉酸度计、刻度吸管量等仪器的使用方法。

【实验原理】

缓冲溶液具有抵抗少量外来酸、外来碱或水的稀释作用，而保持其本身pH值基本不变的能力，缓冲溶液由共轭酸碱对组成，其中共轭酸是抗碱成分，共轭碱是抗酸成分，缓冲溶液的pH值可通过亨德森－哈塞尔巴赫方程计算。

$$pH = pKa + \lg \frac{[B^-]}{[HB]}$$

在配制缓冲溶液时，若使用相同浓度的共轭酸和共轭碱，则它们的缓冲比等于体积比。

$$pH = pKa + \lg \frac{V_{B^-}}{V_{HB}}$$

配制一定pH值缓冲溶液的原则：选择合适的缓冲体系，使缓冲体系共轭酸的pKa尽可能与所配缓冲溶液的pH相等或接近，以保证缓冲系在总浓度一定时，具有较大的缓冲能力。配制缓冲溶液要有适当的总浓度，一般情况下，缓冲溶液的总浓度宜选在0.05～0.2mol/L之间。为保证配制的准确度，可用pH计进行测定和校正。

【实验试剂】

0.10mol/L的溶液：HAc、NaAc、NaOH、HCl。

0.20mol/L的溶液：Na_2HPO_4、KH_2PO_4、2mol/L KH_2PO_4。

混合指示剂：称取甲基黄300mg、甲基红100mg、酚酞100mg、麝香草酚蓝500mg、溴麝香草酚蓝400mg混合溶于500mL 95%乙醇中，逐滴加入0.10mol/L NaOH溶液，直至溶液呈橙黄色即可。

【实验内容】

1. 缓冲溶液的配制

(1)计算配制80 mL pH值为4.60的缓冲溶液需要0.1mol/L HAc溶液和0.1mol/L NaAc溶液的体积(已知HAc的pKa＝4.75)。根据计算出的用量，用吸量管吸取两种溶液置于100mL烧杯中，混匀，用酸度计测定其pH值。若pH值不等于4.60，可用几滴0.01mol/L NaOH溶液或0.1mol/L NaAc溶液调节使溶液的pH值为4.60，备用(用A表示此缓冲溶液)。

(2)计算配制pH值为7.45的缓冲溶液80mL需要0.2mol/LNa_2HPO_4和0.2mol/L KH_2PO_4溶液的体积(H_3PO_4的pKa_1＝7.21)。根据计算用量，用碱式滴定管放取Na_2HPO_4溶液，用吸量管吸取KH_2PO_4溶液置于100mL烧杯中，混匀，用酸度计测定其pH值。若pH值不等于7.45，用几滴0.01mol/L NaOH或2mol/L KH_2PO_4溶液调节至使溶液的pH值为7.45，备用(用B表示此缓冲溶液)。

2. 缓冲溶液的性质

(1)缓冲溶液的抗酸、抗碱作用。

按表4-6所列的顺序，做如下实验。把所观察到的现象和测定结果记入报告中，并解释产生各种现象的原因。

表 4-6 实验现象与数据记录

烧杯号	缓冲溶剂+指示剂用量	加强酸或者强碱量	颜色变化	pH 值
A	80mL 缓冲溶液	—	—	
A_1	30mL+(1~2d)混合指示剂	0.10mol/L HCl 5d		
A_2	30mL+(1~2d)混合指示剂	0.10mol/L NaOH 5d		
B		—	—	
B_1	30mL+(1~2d)混合指示剂	0.10mol/L HCl 5d		
B_2	30mL+(1~2d)混合指示剂	0.10mol/L NaOH 5d		

(2)缓冲溶液的稀释。

按表 4-7 所列的顺序，做如下实验。把所观察到的现象记入报告中，并解释产生各种现象的原因。

表 4-7 实验现象与数据记录

试管号	取缓冲溶剂+蒸馏水量	混合指示剂	颜色变化	备注
1	取 A 液 4mL+1mL 蒸馏水	1d		
2	取 A 液 3mL+2mL 蒸馏水	1d		
3	取 A 液 1mL+4mL 蒸馏水	1d		
4	取 B 液 4mL+1mL 蒸馏水	1d		
5	取 B 液 3mL+2mL 蒸馏水	1d		
6	取 B 液 1mL+4mL 蒸馏水	1d		

【思考题】

(1)为什么缓冲溶液具有缓冲能力?

(2)缓冲溶液的 pH 值由哪些因素决定?

(3)缓冲溶液缓冲容量取决于哪些因素?

实验六 电离平衡和沉淀-溶解平衡

【实验目的】

(1)掌握弱电解质溶液的电离平衡规律及主要影响因素。

(2)掌握溶度积规则，学习固液分离的原理和方法。

(3)了解分步沉淀及沉淀的转化。

【实验原理】

弱电解质在水溶液中都发生部分离解，离解出来的离子与未离解的分子处于平衡状态，例如 HAc 溶液，若在平衡系统中加入含有相同离子的强电解质 NaAc，就会使电离平衡向左移动，从而降低 HAc 电离程度，这种作用称为同离子效应。

盐类(除强酸强碱盐外)在水溶液中都会发生水解。盐类水解程度的大小主要与盐类的本身的性质有关，此外还受到溶液温度、浓度和酸度的影响。盐类的水解过程是吸热过程，升高温度可促进水解，此外加水稀释溶液，也有利于增进水解，如果水解产物中有沉淀或气体产生，则水解程度更大。例如 $BiCl_3$的水解：

$$BiCl_3 + H_2O \longequal BiOCl\downarrow + 2HCl$$

在盐类水溶液中加入酸或碱，则有抑制水解或促进水解的作用，如在 $BiCl_3$溶液加入盐酸，可抑制 $BiCl_3$的水解，平衡向左移动，使沉淀消失。如在溶液中加碱则促进$BiCl_3$的水解，平衡向右移动，促进沉淀生成。

在一定温度下，难溶电解质的饱和溶液中，难溶电解质离子浓度与标准浓度比值以离子系数为幂的乘积是一个常数，称为溶度积常数，简称溶度积。例如在 PbI_2饱和溶液中，建立起下列平衡：

$$PbI_2(s) \rightleftharpoons Pb^{2+} + 2I^-$$

其溶度积常数 K_{SP}^{θ}的表达式为：

$$K_{SP}^{\theta}(PbI_2) = \{c(Pb^{2+})/c^{\theta}\}\{c(I^-)/c^{\theta}\}^2$$

将任意状况下离子浓度幂的乘积(简称离子积)与溶度积比较，则可以判断沉淀的生成或溶解，称为溶度积规则。在已生成沉淀的系统中，加入某种能降低离子浓度的试剂，使溶液中离子积小于溶度积时，就可使沉淀溶解。此外盐效应也可使难溶电解质的溶解度有所增大。

如果溶液中同时存在数种离子，它们都能与同一种试剂(沉淀剂)作用产生沉淀，当溶液中逐渐加入此沉淀剂时，某种难溶电解质离子浓度幂乘积先达到溶度积的就先沉淀出来，后达到溶度积的就后产生沉淀，这种先后沉淀的次序称为分步沉淀。

将一种沉淀转化为另一种沉淀的过程，称为沉淀的转化。对于相同类型难溶电解质之间转化的难易，可以通过比较它们溶度积大小来判别。

【实验试剂】

固体：NH_4Ac、NaCl、NH_4Cl、NaAc、$BiCl_3$、$NaNO_3$、$Fe(NO_3)_3\cdot 9H_2O$。

酸：(0.1mol/L，2mol/L，6mol/L)HCl、2mol/L HNO_3、0.1mol/L HAc。

碱：0.1mol/L $NH_3\cdot H_2O$、2mol/L $NH_3\cdot H_2O$、(0.1mol/L，2mol/L) NaOH。

盐：0.1mol/L $AgNO_3$、0.1mol/L K_2CrO_4、(0.001mol/L，0.1mol/L)KI、0.1mol/L $MgCl_2$、0.1mol/L $Pb(NO_3)_2$、1mol/L NH_4Cl、0.1mol/L $ZnCl_2$、0.1mol/L Na_2S、0.1mol/L NaF、0.1mol/L NaAc、(0.1mol/L，0.5mol/L)$CaCl_2$、0.5mol/L Na_2SO_4、饱和 Na_2CO_3、饱和 $PbCl_2$、饱和 NaCl、饱和$(NH_4)_2C_2O_4$。

其他：酚酞、甲基橙。

【实验内容】

1. 弱电解质的同离子效应

(1)在2支试管中分别加入0.1mol/L HAc溶液2mL，再各加入1滴甲基橙指示剂，然后在一支试管中，加少量固体NH_4Ac，振荡使其溶解，观察溶液颜色变化，与另一试管进行比较，并解释之。

(2)在试管中加入5滴0.10mol/L $NH_3 \cdot H_2O$和1滴酚酞指示剂，摇匀，观察溶液颜色。再加入固体NH_4Ac少许，振荡使之溶解，溶液颜色有何变化，解释原因。

2. 盐类水解

(1)预备试剂及初步实验：

①配制100mL 0.1mol/L的NaCl、NaAc、NH_4Cl、NH_4Ac溶液，分别用pH试纸和pH计测定其pH值，一并测出蒸馏水的pH值，与自己计算的上述各溶液的值同时填入下表：

pH		溶液				
		NaCl	NaAc	NH_4Cl	NH_4Ac	蒸馏水
计算值						
测定值	pH试纸					
	pH计					

②在2支试管中各加入3mL蒸馏水，然后分别加入少量固体$Fe(NO_3)_3 \cdot 9H_2O$及$BiCl_3$($BiCl_3$只需绿豆大小)，振荡，观察现象。用pH试纸分别测定其pH值，解释之。

保留NaAc、$Fe(NO_3)_3$、$BiCl_3$三支试管中的物质。

(2)取上面制得的NaAc溶液，加1滴酚酞指示剂，加热，观察溶液颜色变化，并解释之。

(3)将(1)制得的$Fe(NO_3)_3$溶液分成3份：第一份留作比较用；第二份中加入2mol/L HNO_3溶液1~2滴，观察溶液颜色变化；第三份用小火加热，观察颜色的变化。解释上述现象。

(4)在(1)制得的含BiOCl白色混浊物的试管中逐滴加入6mol/L HCl，并剧烈振荡，至溶液澄清(注意HCl不要太过量)，再加水稀释，观察有何现象？解释之。由此了解实验室应如何配制$BiCl_3$、$SnCl_2$等易水解盐类的溶液。

3. 沉淀的生成

(1)在两支试管中各盛蒸馏水1mL，分别加入1滴0.1mol/L $AgNO_3$、0.1mol/L Pb$(NO)_3$溶液，摇匀，然后各加入0.1mol/L K_2CrO_4溶液1滴，振荡，观察并记录现象，写出反应方程式。

(2)取0.1mol/L $Pb(NO_3)_2$溶液5滴，加入0.1mol/L KI溶液10滴，观察并记录现象，写出反应方程式。

(3)在试管中加入1mL饱和$PbCl_2$溶液，逐滴加入饱和NaCl溶液，观察现象，解释之。

4. 沉淀的溶解

(1)取0.1mol/L $MgCl_2$溶液10滴，加入2mol/L 氨水5~6滴，观察现象。然后再逐滴加入1mol/L NH_4Cl溶液观察现象，解释并写出有关反应方程式。

(2)在试管中加入饱和$(NH_4)_2C_2O_4$溶液5滴和0.1mol/L $CaCl_2$溶液5滴，观察现象。然后逐滴加入2mol/L HCl溶液，振荡，观察现象，解释并写出有关反应方程式。

(3)试管中盛2mL蒸馏水，加入0.1mol/L $Pb(NO_3)_2$溶液1滴和0.1mol/L KI溶液2滴，振荡试管，观察沉淀的颜色和形状，然后再加少量固体$NaNO_3$，振荡，观察现象，解释之。

(4)取1mL 0.1mol/L $AgNO_3$溶液，加入2mol/L 氨水1滴，观察现象，再继续逐滴加入2mol/L 氨水，观察现象，解释之。

(5)取0.1mol/L $ZnCl_2$溶液10滴，逐滴加入2mol/L NaOH溶液，观察现象的变化，解释并写出反应方程式。

5. 分步沉淀

(1)在试管中加入0.1mol/L $AgNO_3$溶液2滴和0.1mol/L $Pb(NO_3)_2$溶液1滴，用5mL水稀释，摇匀，逐滴加入0.1mol/L KI溶液，振荡，观察沉淀的颜色和形状。根据沉淀颜色的变化和溶度积规则，判断哪一种难溶物质先沉淀。

(2)在试管中加入0.1mol/L Na_2S溶液2滴和0.1mol/L NaF 2滴，稀释至4mL，加入0.1mol/L $Pb(NO_3)_2$溶液2~3滴，振荡试管，观察沉淀的颜色，待沉淀沉降后，再向清液中逐滴加入0.1mol/L $Pb(NO_3)_2$溶液(此时不要振荡试管，以免黑色沉淀泛起)，观察沉淀的颜色。

运用溶度积数据和溶度积规则说明上述现象。

6. 沉淀的转化

在2支试管中各加入0.5mol/L $CaCl_2$溶液10滴和0.5mol/L Na_2SO_4溶液10滴，剧烈振荡(或搅拌)以生成沉淀，离心分离，弃去清液。在一支含有沉淀的试管中加入2mol/L HCl溶液10滴，观察沉淀是否溶解。在另一支试管中加入1mL饱和Na_2CO_3溶液，振荡2~3min，使沉淀转化，离心分离，弃去清液，沉淀用蒸馏水洗涤1~2次，然后在沉淀中加入2mol/L HCl溶液10滴，观察现象。写出有关反应方程式。

【思考题】

(1)如何用实验证明弱碱溶液中的同离子效应？写好实验步骤。

(2)什么是溶度积规则？本实验中使沉淀溶解的方法有哪些？

【注意事项】

一般来说，在性质实验生成沉淀的步骤中，沉淀量要少，即刚观察到沉淀生成就可以；使沉淀溶解的步骤中，加入试液越少越好，使沉淀恰好溶解为宜。因此，溶液必须逐滴加入，且边滴边摇，若试管中溶液量太多，可在生成沉淀后离心沉降弃去清液，再继续实验。

实验七 氧化还原与电化学

【实验目的】

(1)理解电极电势与氧化还原反应方向的关系，以及介质和反应物浓度对氧化还原反应的影响。

(2)加深理解氧化态或还原态浓度变化对电极电势的影响。

【实验原理】

氧化还原过程也就是电子的转移过程，氧化剂在反应中得到电子，还原剂失去电子。氧化、还原能力的强弱可用它们所组成电对的电极电势相对高低来衡量。一个电对的电极电势(以还原电势为准)代数值愈大，其氧化态的氧化能力愈强，其还原态的还原能力愈弱。反之亦然。所以根据其电极电势 φ 的大小，便可判断一个氧化还原反应的进行方向。例如：

$$2Fe^{3+}+2I^{-}=\!=\!=I_2+2Fe^{2+} \tag{4-14}$$

$$2Fe^{3+}+2Br=\!=\!=Br_2+2Fe^{2+} \tag{4-15}$$

已知：$\varphi^{\theta}_{I_2/I^-}=+0.535V$，$\varphi^{\theta}_{Fe^{3+}/Fe^{2+}}=+0.771V$，$\varphi^{\theta}_{Br_2/Br}=+1.08V$

由此可判断，反应式(4-14)应向右进行，反应式(4-15)应向左进行，也就是说 Fe^{3+} 可以氧化 I^- 而不能氧化 Br^-。反过来说，Br_2 可以氧化 Fe^{2+}，而 I_2 则不能氧化 Fe^{2+}。因此氧化态的氧化能力 $Br_2>Fe^{3+}>I_2$，还原态的还原能力 $I^->Fe^{2+}>Br^-$。

浓度与电极电势的关系可用能斯特方程式表示(25℃)：

$$\varphi=\varphi^{\theta}+\frac{0.059}{n}\lg\{[\text{氧化态}]/[\text{还原态}]\}$$

以 $Fe^{3+}-Fe^{2+}$ 电对为例：

$$\varphi=\varphi^{\theta}_{Fe^{3+}/Fe^{2+}}+0.059\lg\{[Fe^{3+}]/[Fe^{2+}]\}$$

这样，Fe^{3+} 或 Fe^{2+} 浓度的变化都会改变其电极电势 φ 数值。特别是有沉淀剂(包括 OH^-)或络合剂存在时，能够大大减少溶液中某一离子浓度的时候，甚至可以改变反应的方向。

有些反应特别是含氧酸根离子参加的氧化还原反应中，经常有 H^+ 参加，因此介质的酸度也对 φ 值产生影响。例如对于半电池反应：

$$MnO_4^-+8H^++5e=\!=\!=Mn^{2+}+4H_2O$$

$$\varphi=\varphi^{\theta}_{MnO_4^-/Mn^{2+}}+\frac{0.059}{5}\lg\{[MnO_4^-][H^+]^8/[Mn^{2+}]\}$$

$[H^+]$ 增大可使 φ 值增大，MnO_4^- 氧化性增强。

电流通过电解质溶液，在电极上引起的化学变化称为电解，电解时电极电势的高低、离子浓度的大小、电极材料等因素都可以影响两极上的电解产物。

【仪器与试剂】

仪器材料：雷磁25型酸度计、盐桥、导线。

试剂药品：(1.5mol/L，1mol/L) H_2SO_4、6mol/L HAc、0.5mol/L $Pb(NO_3)_2$、(1mol/L，0.5mol/L，0.1mol/L) $CuSO_4$、0.1mol/L KI、0.1mol/L $FeCl_3$、0.1mol/L KBr、0.1mol/L $FeSO_4$、0.01mol/L $KMnO_4$、(1mol/L，0.5mol/L，0.1mol/L) $ZnSO_4$、0.5mol/L Na_2SO_4、CCl_4、浓硫酸、浓氨水、碘水、溴水、酚酞、锌片、铜片、铅粒、砂纸、品红试纸。

【实验内容】

1. 电极电势与氧化还原反应的关系

(1)比较锌、铅、铜在电位序中的位置，在2支小试管中分别注入0.5mol/L $Pb(NO_3)_2$溶液和0.5mol/L $CuSO_4$溶液，各放入一块表面擦净的锌片，放置片刻，观察锌片表面有何变化。

用表面擦净的铅粒代替锌片，分别与0.5mol/L $ZnSO_4$溶液和0.5mol/L $CuSO_4$溶液起反应，观察铅粒表面有何变化。

写出反应方程式，说明电子转移方向，并确定锌、铜、铅在电位序中的相对位置。

(2)在小试管中将3～4滴0.1mol/L KI溶液用蒸馏水稀释至1mL。加入2滴0.1mol/L $FeCl_3$溶液，摇匀后再加入0.5mL CCl_4，充分振荡，观察CCl_4层的颜色(I_2溶于四氯化碳层显紫红色)？

(3)用0.1mol/L KBr溶液代替0.1mol/L KI溶液进行上述同样的实验，观察CCl_4层的颜色(溴溶于四氯化碳中显棕黄色)。

根据(2)、(3)的实验结果，定性地比较$Br^- - Br_2$、$I^- - I_2$、$Fe^{2+} - Fe^{3+}$三个电对的电极电势的相对高低(即代数值的相对大小)，并指出哪个电对的氧化态是最强的氧化剂，哪个电对的还原态是最强的还原剂。

(4)仿照上面实验，分别用碘水和溴水同0.1mol/L $FeSO_4$溶液作用，观察CCl_4层的颜色，判断反应是否进行。写出有关的化学反应方程式。

根据(2)、(3)、(4)的实验结果和上面比较得出的三个电对电极电势的相对大小，说明电极电势与氧化还原反应方向的关系。

2. 酸度对氧化还原反应速度的影响

在2个各盛0.5mL 0.1mol/L KBr溶液的试管中，分别加入0.5mL 3mol/L H_2SO_4溶液和6mol/L HAc溶液，然后往两个试管中各加入2滴0.01mol/L $KMnO_4$溶液。观察并比较两个试管中紫色溶液褪色的快慢。写出反应方程式，并加以解释。

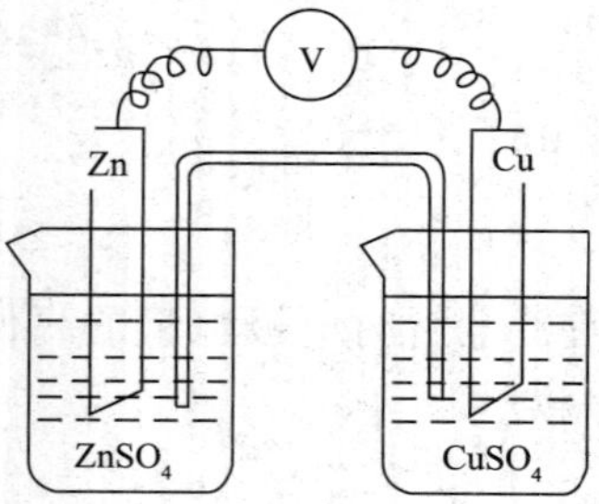

图4-3　铜锌原电池

3. 浓度对氧化还原反应影响

(1)在100mL烧杯中加入30mL 1mol/L $CuSO_4$溶液，在另一个100mL烧杯中加入30mL 1mol/L $ZnSO_4$溶液，然后在$CuSO_4$溶液内放一铜片，在$ZnSO_4$溶液内放一锌片，组成两个电极，用一个盐桥将它们连接起来，通过导线将铜电极接入酸度计的正极，把锌电极接入酸度计的负极，测定其电势差，如图4-3所示。

(2)取下盛$CuSO_4$溶液的烧杯，在其中加浓氨水，搅拌，至生成的沉淀完全溶解，形成了深蓝色的溶液：

$$SO_4^{2-} + 2Cu^{2+} + 2NH_3 \cdot H_2O = Cu_2 \cdot (OH)_2SO_4 \downarrow + 2NH_4^+$$

$$Cu_2(OH)_2SO_4 + 8NH_3 \cdot H_2O = 2[Cu(NH_3)_4]^{2+} + 2OH^- + SO_4^{2-} + 8H_2O$$

测量电势差，观察有何变化，这种变化是怎样引起的？

(3)在 $ZnSO_4$ 溶液中加浓氨水至生成的沉淀完全溶解：

$$Zn^{2+} + 2Nh_3 \cdot H_2O = Zn(OH)_2 \downarrow + 2NH_4^+$$

$$Zn(OH)_2 + 4NH_3 \cdot H_2O = [Zn(NH_3)_4]^{2+} + 2OH^- + 4H_2O$$

测量电势差，其值又有何变化，试解释上面的实验结果。

4. 催化剂对氧化还原反应速度的影响

(1)均相催化。

在井穴板中的1~3井穴中，各加入0.2mol/L $H_2C_2O_4$、3mol/L H_2SO_4 各5滴，然后往一个井穴中加1滴0.5mol/L $MnSO_4$ 溶液，往另一个井穴中加1滴1mol/L NH_4F 溶液，最后往三个井穴中都各加入1滴0.01mol/L $KMnO_4$ 溶液，比较三个井穴中紫红色褪去的快慢（注：F^- 与 Mn^{2+} 可形成配合物）。

(2)非均相催化。

取3mL 6% H_2O_2 于小试管中，加入少量固体 MnO_2，将带有余烬的火柴放于试管口，观察现象并解释。

向10mL 0.5mol/L $CuSO_4$ 溶液中分别加入等质量的Zn粉和Zn粒，比较现象有何不同，说明原因。

5. 电解

往一只小烧杯中加入50mL 0.5mol/L $ZnSO_4$ 溶液，在其中插入锌片；往另一只小烧杯中加入50mL 0.5mol/L $CuSO_4$ 溶液，在其中插入铜片，按图4-4所示把线路连接好。把两根分别连接锌片和铜片的铜线的另一端插入装有20mL 0.5mol/L Na_2SO_4 溶液和3滴酚酞的小烧杯中，观察连接锌片的那根铜丝周围的 Na_2SO_4 溶液有何变化？试加以解释。

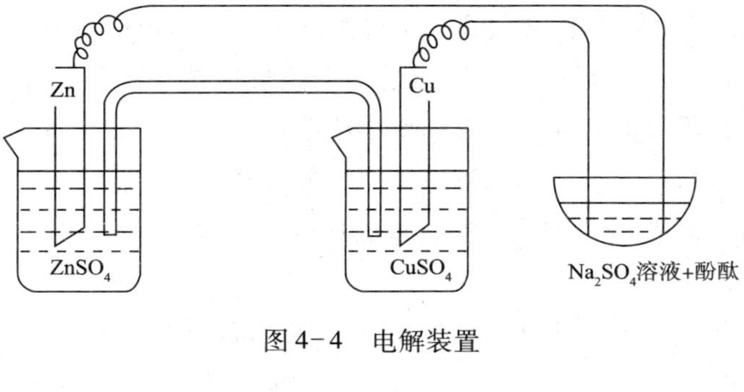

图4-4　电解装置

【思考题】

(1)由 φ 值的变化，讨论浓度对 φ 值的影响？

(2)总结电极电势与氧化还原反应的关系。

(3)应该如何制作盐桥？

实验八　配位化合物

【实验目的】

(1)掌握配离子的生成、离解及配位平衡移动的原理。

(2)比较配合物和简单离子、复盐的区别。

(3)理解配位平衡与沉淀反应、氧化还原反应、溶液酸碱性的关系。

(4)了解利用配位反应分离混合离子。

【实验原理】

由中心离子(或原子)与配体按一定组成和空间构型以配位键结合所形成的化合物称配合物，如$[Cu(NH_3)_4]SO_4$、$K_3[Fe(CN)_6]$等。配位反应是分步进行的可逆反应，每一步反应都存在着配位平衡。

配合物的稳定性可由$K_{稳}$表示，数值越大配合物越稳定。增加配体(R)或金属离子(M)浓度有利于配合物(MRn)的形成，而降低配体和金属离子的浓度则有利于配合物的解离。如溶液酸碱性的改变，可能引起配体的酸效应或金属离子的水解等，就会导致配合物的解离；若有沉淀剂能与中心离子形成沉淀的反应发生，引起中心离子浓度的减少，也会使配位平衡朝离解的方向移动；若加入另一种配体，能与中心离子形成稳定性更好的配合物，则同样导致配合物的稳定性降低。若沉淀平衡中有配位反应发生，则有利于沉淀溶解。配位平衡与沉淀平衡的关系总是朝着生成更难解离或更难溶解物质的方向移动。

配合物与复盐不同，配合物在水溶液中电离出来的配离子很稳定，只有一部分电离出简单离子，而复盐则全部电离为简单离子。

通过配位反应形成的配合物的性质(如颜色、溶解度、氧化还原性等)，往往和原物质有很大的差别。例如，AgCl 难溶与水，但$Ag(NH_3)_2Cl$易溶于水，因此可以通过 AgCl 与氨水的配位反应使 AgCl 溶解。

配位反应应用广泛，如利用金属离子生成配离子后的颜色、溶解度、氧化还原性等一系列性质的改变，进行离子鉴定、干扰离子的掩蔽反应等。例如，在Cu^{2+}、Fe^{3+}、Ba^{2+}的混合溶液中，加入稀H_2SO_4溶液，则$BaSO_4$沉淀出来。分离沉淀后，在溶液中加入过量的氨水，Cu^{2+}能与过量氨水反应生成铜氨离子$[Cu(NH_3)_4]^{2+}$而溶解。Fe^{3+}则不与氨水作用生成配离子，而是生成$Fe(OH)_3$沉淀，从而使Cu^{2+}和Fe^{3+}分离。

【实验试剂】

(1mol/L，浓)HCl、6mol/L HNO_3、2mol/L NaOH、(2mol/L，6mol/L)$NH_3 \cdot H_2O$、0.1mol/L $AgNO_3$、0.1mol/L $CuSO_4$、0.1mol/L $Cu(NO_3)_2$、0.1mol/L $Fe(NO_3)_3$、0.1mol/L $BaCl_2$、0.1mol/L $FeCl_3$、0.1mol/L $HgCl_2$、0.1mol/L KSCN、(0.1mol/L，0.2mol/L)KI、0.1mol/L $K_3[Fe(CN)_6]$、0.1mol/L NaCl、0.1mol/L $Pb(NO_3)_2$、1mol/L $CuCl_2$、0.1mol/L $NH_4Fe(SO_4)_2$、0.1mol/L NaF、0.1mol/L KBr、0.1mol/L $Na_2S_2O_3$、0.1mol/L KF、

0.01mol/L EDTA－2Na、0.2mol/L $CuSO_4$、3mol/L H_2SO_4、CCl_4、95%酒精。

【实验内容】

1. 配合物的生成和组成

取1mL 0.1mol/L $CuSO_4$溶液于试管中，加入6mol/L $NH_3 \cdot H_2O$ 至生成深蓝色溶液时再多加数滴。将深蓝色溶液分盛在2支试管中，然后分别加入2滴0.1mol/L $BaCl_2$溶液和2mol/L NaOH溶液，观察是否都有沉淀产生。

根据上面结果，说明$CuSO_4$和NH_3所形成的配位化合物的组成。

2. 配离子的离解

(1)在2支试管中，各加入10滴0.1mol/L $AgNO_3$溶液，再分别滴加2滴0.2mol/L KI溶液，各有什么现象产生?

(2)另取1支试管，加入10滴0.1mol/L $AgNO_3$溶液，再滴加2mol/L 氨水，直到生成沉淀又溶解，再多加数滴。将所得溶液分别盛在2支试管中，分别加入2滴2mol/L NaOH溶液和0.1mol/L KI溶液。观察现象，并解释之。写出配离子的离解方程式。

3. 配位化合物与简单离子、复盐的区别

(1)在1支试管中滴入5滴0.1mol/L $FeCl_3$溶液，再加入1滴0.1mol/L KSCN溶液，观察现象。

(2)以铁氰化钾$K_3[Fe(CN)_6]$溶液代替$FeCl_3$溶液，做同样实验，观察溶液是否呈血红色。根据实验说明简单离子和配离子有何区别。

(3)在3支试管中，各滴入10滴0.1mol/L $NH_4Fe(SO_4)_2$溶液，分别检验溶液中含有NH_4^+、Fe^{3+}、SO_4^{2-}。比较上述实验3(2)和本实验结果，说明配合物和复盐有何区别。

4. 配位平衡与沉淀反应

取1支离心试管，加入0.1mol/L $AgNO_3$溶液1mL和0.1mol/L NaCl溶液1mL，离心后弃去清液，然后加入6mol/L $NH_3 \cdot H_2O$，边滴边震荡，至沉淀刚好溶解为止。然后在此溶液中滴入0.1mol/L NaCl溶液2滴，观察是否有白色沉淀生成；再滴入0.1mol/L KBr溶液2滴，观察是否有淡黄色沉淀生成；继续滴入0.1mol/L KBr溶液，至沉淀不增加为止。离心后弃去清液，在沉淀中加入0.1mol/L $Na_2S_2O_3$溶液直到沉淀刚好溶解为止。

在此溶液中滴入0.1mol/L KBr溶液2滴，观察是否有淡黄色沉淀生成，再滴0.1mol/L KI溶液2滴，观察是否有黄色沉淀生成。

根据上述实验结果，讨论沉淀平衡与配位平衡的关系，并比较AgCl、AgBr、AgI的K_{sp}大小及$[Ag(NH_3)_2]^+$、$[Ag(S_2O_3)_2]^{3-}$配离子稳定性的大小。

5. 配位平衡与氧化还原反应

取2支试管，分别加入0.1mol/L $FeCl_3$溶液5滴及10滴CCl_4，在其中1支试管中逐滴加0.1mol/L KF溶液，摇匀至黄色褪去，再过量几滴。然后在这2支试管中分别加入5滴0.1mol/L KI溶液，振摇后观察2支试管CCl_4层颜色。解释现象，并写出反应方程式。

6. 配位平衡与溶液的酸碱性

在试管中加入0.2mol/L $CuSO_4$溶液1mL，逐滴加入6mol/L $NH_3 \cdot H_2O$，边加边振荡，

待生成的沉淀完全溶解。然后将深蓝色溶液分盛在2支试管中，1支逐滴加入1mol/L HCl溶液，另1支逐滴加入2mol/L NaOH溶液，观察溶液颜色变化，并解释现象，写出反应方程式。

7. 配位平衡的移动

(1)取1支试管加入15滴0.1mol/L $AgNO_3$溶液，滴加2mol/L $NH_3 \cdot H_2O$至沉淀生成后又溶解，再多加约10滴氨水，得$[Ag(NH_3)_2]^+$溶液。将其分装在两支试管中。向其中1支试管加0.1mol/L NaCl溶液1～2滴；向另1支试管加KI溶液1～2滴。观察现象，并予简要解释。

(2)同上法制取$[Ag(NH_3)_2]^+$溶液，于此溶液中加入5滴2mol/L HNO_3溶液，再加2滴NaCl溶液，观察有无沉淀生成，并予以简要解释。

(3)在1试管中加入0.1mol/L $FeCl_3$溶液和0.1mol/L KSCN溶液各1滴、蒸馏水8滴，混匀，向该溶液逐滴加入0.01mol/L EDTA－2Na溶液，观察溶液颜色的变化，试用配位平衡移动加以解释。

8. 利用配位反应分离混合离子

取0.1mol/L $AgNO_3$、0.1mol/L $Cu(NO_3)_2$、0.1mol/L $Fe(NO_3)_3$各5滴，混合并设法分离Ag^+、Cu^{2+}、Fe^{3+}。画出过程示意图。

【思考题】

(1)怎样根据实验结果推测铜氨配离子的生成、组成和离解？

(2)怎样分离Ag^+、Cu^{2+}、Fe^{3+}的混合溶液？

【注意事项】

NH_4F试剂对玻璃有腐蚀作用，储藏时最好放在塑料瓶中。

实验九　卤素的性质

【实验目的】

(1)比较卤素单质的氧化性和卤素离子的还原性。

(2)掌握次氯酸盐和氯酸盐的氧化性。

(3)了解卤素的鉴定及混合物分离方法。

【实验原理】

卤素是周期系第ⅦA族元素，包括氟、氯、溴、碘元素，易获得一个电子形成氧化数为－1的化合物，但在一定条件下，也可以形成氧化数为＋1、＋3、＋5、＋7的化合物。因此卤素单质在化学性质上表现为强氧化性，其氧化性强弱顺序为：$F_2 > Cl_2 > Br_2 > I_2$。所以，Br^-能被Cl_2氧化为Br_2，在CCl_4中呈棕黄色。I^-能被Cl_2、Br_2氧化为I_2，在CCl_4中呈紫色。而卤素离子作为还原剂，其还原性强弱顺序为：$I^- > Br^- > Cl^-$。

氯、溴、碘都可以用氧化剂从其卤化物中制取。

卤素的含氧酸有多种形式：HXO、HXO_2、HXO_3、HXO_4。随着卤素氧化数的升高，其热稳定性增大，酸性增强，氧化性减弱。

次氯酸及其盐具有强氧化性。如氯酸盐在中性溶液中没有明显的强氧化性，但在酸性介质中表现出明显的强氧化性，其次序为：$BrO_3^- > ClO_3^- > IO_3^-$。

卤化银不溶于水和稀硝酸，而CO_3^{2-}、PO_4^{3-}、CrO_4^{2-}等阴离子形成的银盐溶于硝酸，所以可在硝酸溶液中使卤素阴离子形成卤化银沉淀以防止其他阴离子的干扰。卤化银在氨水中溶解度不同，可以通过控制氨的浓度来分离混合的卤离子。实验中，常用$(NH_4)_2CO_3$溶液使 AgCl 沉淀溶解，与 AgBr、AgI 分离。反应方程式如下：

$$(NH_4)_2CO_3 + H_2O = (NH_4)HCO_3 + NH_3 \cdot H_2O$$

$$AgCl + 2NH_3 \cdot H_2O = [Ag(NH_3)_2]^+ + Cl^- + 2H_2O$$

【实验试剂】

固体试剂：$KClO_3$(固体)、KCl、KBr、KI、MnO_2、漂白粉、碘、红磷、锌粉。

液体试剂：2mol/L HCl、0.1mol/L $FeCl_3$、0.1mol/L KCl、0.1mol/L $Na_2S_2O_3$、0.1mol/L KI、0.1mol/L KBr、3mol/L H_2SO_4、6mol/L HNO_3、CCl_4、0.5% 淀粉溶液、0.1mol/L $AgNO_3$、12% $(NH_4)_2CO_3$、溴水、碘水。

其他：淀粉－碘化钾试纸、蓝色石蕊试纸。

【实验内容】

1. 卤素的制备

取 3 支干试管分别加入少许 KCl、KBr、KI 晶体，向各试管中加入 2mL 3mol/L H_2SO_4，再各加少量 MnO_2粉末，用淀粉－碘化钾试纸在装有 KCl 的试管口检验生成的气体是否是 Cl_2？在其余 2 支试管中分别加入 1mL CCl_4，观察 CCl_4层的颜色，写出反应方程式。

2. 氯、溴、碘单质的溶解性

(1)取 3 支试管，第 1 支试管中加入新配氯水 1mL，另 2 支中分别加入溴水和碘水 0.5mL(或各加入 1mL 水后，再分别加 2 滴溴水和 1 小粒碘，振荡试管)，观察溶液颜色。

(2)在以上 3 支试管中，各加入 10 滴 CCl_4，振荡试管，观察 CCl_4层和水层的颜色。

由上述实验现象作出卤素单质溶解性的解释。

3. 卤素单质的氧化性

(1)氯与溴、碘氧化性的比较：

取 1 支试管，加入 0.1mol/L KBr 溶液 1 滴，用蒸馏水稀释至 1mL，再加入 CCl_4 5 滴。然后逐滴加入氯水，边滴边振摇，观察 CCl_4层颜色。解释现象，写出反应方程式。

另取 1 支试管，用 0.1mol/L KI 溶液代替 KBr 溶液进行同样的实验，观察现象。继续逐滴加入过量的氯水，观察 CCl_4层颜色发生什么变化？解释现象。

(2)溴与碘氧化性的比较：

取 1 支试管，加入 0.1mol/L KI 溶液 5 滴和 CCl_4 5 滴，再逐滴加入溴水，边滴边振摇，观察 CCl_4层的颜色。解释现象，写出反应方程式。

综合以上结果，说明卤素单质氧化性强弱的递变顺序。

(3)碘的氧化性：

在试管中加入碘水5滴和0.5%淀粉溶液1滴，然后滴加0.1mol/L $Na_2S_2O_3$溶液数滴，观察现象，写出反应方程式。

4. 卤素离子的还原性

(1)取2支试管，分别加入2滴0.10mol/L KBr和0.1mol/L KI溶液，然后各加入2滴CCl_4和5滴0.10mol/L $FeCl_3$溶液，观察CCl_4层颜色，并解释。

(2)取2支试管，分别加入15滴0.10mol/L KBr和0.1mol/L KI溶液，然后各加入2滴3mol/L H_2SO_4溶液和少量MnO_2粉末，加热片刻，观察溶液颜色变化，并解释。

综合以上结果，说明卤素离子还原性强弱的递变顺序。

5. 碘与金属、非金属的反应

(1)碘溶液与锌粉的作用：

将一小匙锌粉加入盛有1mL碘溶液的试管中，不断振荡(另取1支试管加1mL碘溶液作对照)。观察反应过程中碘溶液的颜色变化(如现象不明显可加热)，写出反应方程式，并解释。

(2)碘和红磷的作用：

取少许碘和红磷于试管中混合，滴入1~2滴水(如红磷潮湿就可不加水)，在水浴中加热片刻后反应猛烈发生，用湿润的蓝色石蕊试纸在管口试验HI的生成，记录观察到的现象，并写出反应方程式(先写生成PI_3的反应，再写PI_3的水解)。

6. 漂白粉和$KClO_3$的氧化性

(1)漂白粉的氧化性：

取漂白粉固体少许放入干燥试管中，加入2mol/L HCl溶液约1mL，振荡，用淀粉—碘化钾试纸检验生成的气体。写出反应方程式。

(2)$KClO_3$氧化性：

取少许$KClO_3$晶体放入试管中，加蒸馏水1~2mL溶解，分为2份，一份加入3mol/L H_2SO_4几滴酸化，另一份不加。然后各加入0.1mol/L KI溶液5滴和0.5%淀粉溶液2滴，振荡，观察变化。比较$KClO_3$在中性和酸性介质中氧化性的强弱。

7. Cl^-、Br^-、I^-混合溶液的分离和检出

(1)AgX沉淀的生成：

于离心管中加入3滴0.1mol/L KCl溶液、0.1mol/L KBr溶液和0.1mol/L KI溶液，混合后，加2滴6mol/L HNO_3酸化，再滴加0.1mol/L $AgNO_3$溶液至沉淀完全，离心沉淀，弃去上清液，沉淀用蒸馏水洗涤2次，每次用水4~5滴，搅拌后离心沉淀，弃去上清液得卤化银沉淀。

(2)AgCl的溶解及Cl^-的检出：

往上面所得卤化银沉淀上加2mL 12% $(NH_4)_2CO_3$溶液充分搅拌后离心分离，将上清液移于试管中，用6mol/L HNO_3溶液酸化，如有白色沉淀，表示有Cl^-存在。

(3)Br^-和I^-的检出：

在(2)中所得的沉淀中加5滴水和少量锌粉，充分搅拌，待卤化银被还原完全后(沉淀全变黑色)离心分离，吸取上清液于另一试管中，加10滴CCl_4再滴加氯水，每加1滴均充分摇动试管，并观察CCl_4层的颜色变化，如显紫红色则表示有I^-存在。继续加入氯水至紫红色褪去，而CCl_4层呈橙色或金黄色，表示有Br^-存在。

【思考题】

(1)实验中如何制备次氯酸钠?

(2)在Br^-、I^-混合离子溶液中加入氯水时，足量的氯最终能将I^-氧化成什么物质?

(3)要使0.1mol AgBr溶于氨水生成$[Ag(NH_3)_2]^+$，氨水浓度至少是多少?

实验十 氧族元素及其化合物

【实验目的】

(1)掌握H_2O_2、H_2S、H_2SO_3、$Na_2S_2O_3$的化学性质。

(2)理解H_2O_2、S^{2-}、$S_2O_3^{2-}$的检验方法。

【实验原理】

氧和硫是周期系第ⅥA族元素。

氧和氢的化合物，除水以外，还有H_2O_2，在H_2O_2分子中，氧的氧化数为-1，处于中间氧化态，因此H_2O_2既有氧化性又有还原性。在酸性介质中H_2O_2是强氧化剂，而当H_2O_2与强氧化剂作用时，其可显示还原性。

H_2S是有毒气体，能溶于水，其水溶液呈弱酸性。S^{2-}可与多种金属离子生成不同颜色的金属硫化物沉淀，例如ZnS(白色)、CuS(棕黑色)、HgS(黑色)、CdS(黄色)等。

SO_2和H_2SO_3是还原剂，但与强还原剂作用时，又表现为氧化剂。

$Na_2S_2O_3$是一种中等强度的还原剂，I_2可以将它氧化成$Na_2S_4O_6$；而与强氧化剂作用时可被氧化成Na_2SO_4。$Na_2S_2O_3$在酸性溶液中不稳定，迅速分解析出单质S，并放出SO_2气体。$S_2O_3^{2-}$离子有很强的配位作用，能与许多金属离子形成稳定的配合物。

【实验试剂】

固体试剂：$K_2S_2O_8$。

液体试剂：2mol/L HCl、3mol/L H_2SO_4、2mol/L NaOH、0.1mol/L KI、0.1mol/L $K_2Cr_2O_7$、0.1mol/L $Na_2S_2O_3$、0.1mol/L Na_2SO_3、0.1mol/L $AgNO_3$、3% H_2O_2、0.5mol/L $BaCl_2$、0.01mol/L $KMnO_4$、0.1mol/L $Pb(NO_3)_2$、0.1mol/L $CuSO_4$、0.1mol/L $FeSO_4$、0.1mol/L $ZnSO_4$、0.1mol/L $Cd(NO_3)_2$、0.01mol/L $MnSO_4$、40% NaOH、0.5%淀粉溶液、95%乙醇、H_2S饱和溶液、H_2SO_3溶液、2mol/L氨水、碘水、乙醚。

【实验内容】

1. H_2O_2的性质

(1)氧化性。在试管中加入0.1mol/L KI溶液5滴和3mol/L H_2SO_4溶液1滴，再加入

3% H_2O_2溶液2滴，边加入0.5%淀粉溶液1滴，观察溶液颜色变化，写出反应方程式。

(2)还原性。在试管中加入0.01mol/L $KMnO_4$溶液1滴和3mol/L H_2SO_4溶液1滴，再逐滴加入3% H_2O_2溶液，边加边振荡。观察现象，写出反应方程式。

(3)H_2O_2的鉴定。在试管中加入蒸馏水1mL、0.1mol/L $K_2Cr_2O_7$溶液2滴和3mol/L H_2SO_4溶液1滴，再加入乙醚5滴，然后加入几滴3% H_2O_2溶液，振荡，观察乙醚层颜色。静置一段时间，观察水层颜色及有无气体放出，写出反应方程式。

(4)H_2O_2的酸性。往试管中加0.5mL 40% NaOH溶液和2滴3% H_2O_2溶液，再加1mL95%乙醇以降低生成物的溶解度，振荡，观察反应情况与产物的颜色和状态，写出反应方程式，并解释。

2. H_2S的性质

(1)H_2S的还原性。取2支试管，分别加入0.1mol/L $K_2Cr_2O_7$溶液5滴和0.01mol/L $KMnO_4$溶液5滴，加2mol/L H_2SO_4酸化，再分别加数滴H_2S溶液，观察现象，写出反应方程式。

(2)H_2S与金属离子的反应。取6支试管，分别加0.1mol/L $AgNO_3$、$Pb(NO_3)_2$、$CuSO_4$、$FeSO_4$、$ZnSO_4$和$Cd(NO_3)_2$溶液各2~3滴，滴加H_2S饱和溶液，观察各试管中有无沉淀生成，若无沉淀，继续加2mol/L氨水至碱性，观察各试管中沉淀的颜色。

3. H_2SO_3、$K_2S_2O_8$的性质

(1)取0.1mol/L Na_2SO_3溶液5滴，加入2mol/L H_2SO_4溶液2~3滴酸化，然后逐滴加入H_2S饱和溶液，观察现象，写出反应方程式。

(2)H_2SO_3的还原性

取0.01mol/L $KMnO_4$溶液10滴，加5滴2mol/L H_2SO_4溶液，再滴加H_2SO_3溶液，观察现象，写出反应方程式。

(3)取0.1mol/L KI溶液5滴，加入2mol/L H_2SO_4溶液2~3滴酸化，然后逐滴加入少许$K_2S_2O_8$固体，振荡试管，观察现象，写出反应方程式。

(4)在10滴蒸馏水中加入1~2滴2mol/L H_2SO_4溶液酸化，再依次加入0.01mol/L $MnSO_4$溶液2滴和0.1mol/L $AgNO_3$溶液1滴，混合均匀后，加入少量的$K_2S_2O_8$固体并微热，观察现象，写出反应方程式。

由上述实验现象，对H_2SO_3、$K_2S_2O_8$的性质得出结论。

4. $Na_2S_2O_3$的性质

(1)与酸的反应。在试管中加入0.1mol/L $Na_2S_2O_3$溶液5滴，再逐滴加入mol/L HCl溶液，观察现象，写出反应方程式。

(2)还原性：

①在试管中加入5滴碘水，再逐滴加入0.1mol/L $Na_2S_2O_3$溶液，观察现象，写出反应方程式。

②在试管中加入0.1mol/L $Na_2S_2O_3$溶液5滴，再加入氯水数滴，充分振荡，观察现象，设法证明有SO_4^{2-}生成。

(3)生成配离子。在试管中加入 0.1mol/L $AgNO_3$溶液 3 滴，再逐滴加入 0.1mol/L $Na_2S_2O_3$溶液，边加边振荡，直至生成的沉淀完全溶解。解释现象，写出反应方程式。

5. 物质鉴别

A、B、C、D 四种没有标签的固体物质，但是知道它们是 Na_2S、Na_2SO_3、Na_2SO_4、$Na_2S_2O_3$。设计方案用最简单的方法将它们鉴别出来。

【思考题】

(1)根据溶解性的不同，金属硫化物大体可分为几类?

(2)在水溶液中进行 $AgNO_3$与 $Na_2S_2O_3$的反应，有些同学的实验结果生成了黑色沉淀，有些同学实验结果却无沉淀生成，这两种实验现象都正常吗?他们各在什么情况下出现?

实验十一 氮族、碳族、硼族元素及其化合物

【实验目的】

(1)学会检验铵盐和硝酸盐的热稳定性。

(2)理解碳酸盐的热稳定性及硼酸的性质。

(3)理解 Sn(Ⅱ)和 Pb(Ⅱ)的氧化还原性质及氢氧化铝的两性和碳酸盐的水解性质。

【实验原理】

用 Na_2CO_3溶液沉淀金属阳离子时，有些阳离子生成碳酸盐，如 Ca^{2+}、Sr^{2+}、Ba^{2+}等，有些阳离子生成碱式碳酸盐，如 Cu^{2+}、Mg^{2+}、Zn^{2+}、Co^{2+}、Ni^{2+}等，还有些阳离子则生成氢氧化物，如 Cd^{3+}、Al^{3+}、Fe^{3+}等。

$$Ba^{2+} + CO_3^{2-} \longrightarrow BaCO_3\downarrow$$

$$2Cu^{2+} + 2CO_3^{2-} + H_2O \longrightarrow Cu_2(OH)_2CO_3\downarrow + CO_2\uparrow$$

$$2Al^{3+} + 3CO_3^{2-} + 3H_2O \longrightarrow 2Al(OH)_3\downarrow + 3CO_2\uparrow$$

在碱性溶液中$[Sn(OH)_4]^{2-}$可以将铋盐还原为黑色的金属铋，这是鉴定铋盐的一种方法。

$$2Bi^{3+} + 6OH^- + 3[Sn(OH)_4]^{2-} \longrightarrow 2Bi\downarrow + 3[Sn(OH)_6]^{2-}$$

【实验试剂】

固体试剂：NH_4Cl、$NH_4H_2PO_4$、NH_4NO_3、$Pb(NO_3)_2$、$NaNO_3$、$NaHCO_3$、Na_2CO_3、H_3BO_3。

液体试剂：0.1mol/L 溶液：$NaHCO_3$、Na_2CO_3、$Bi(NO_3)_2$、$SnCl_2$;

1mol/L 溶液：Na_2CO_3、$BaCl_2$、$CuSO_4$;

2mol/L 的溶液：NaOH、$NH_3\cdot H_2O$;

6mol/L 的溶液：HCl、NaOH、$NH_3\cdot H_2O$;

饱和溶液：$Al_2(SO_4)_3$、Na_2CO_3、硼砂、石灰水；

0.5mol/L $Al_2(SO_4)_3$、0.001mol/L $Pb(NO_3)_2$、浓 H_2SO_4、甘油、乙醇；

其他：酚酞、甲基橙。

【实验内容】

1. 铵盐的热分解与阴离子的关系

(1)阴离子为挥发性酸根：

在干燥试管中加入约 1g NH_4Cl 固体，用酒精灯加热(底部略高于管口)，用湿润的红色石蕊试纸在管口检验逸出的气体，观察试纸颜色的变化。继续加强热，石蕊试纸又怎样变化？观察试管上部冷壁上是否有白霜出现。解释实验过程中所出现的现象。

(2)阴离子为不挥发性酸根：

在干燥试管中加入约 1g $NH_4H_2PO_4$固体，用酒精灯加热，观察是否有气体放出，并检验释放的气体为何物？

(3)阴离子为氧化性的酸根：

取少量 NH_4NO_3 固体放在干燥试管内，加热，观察现象。

总结铵盐的热分解产物与阴离子的关系，写出上述的热分解反应方程式。

2. 硝酸盐的热分解与阳离子的关系

在 2 支试管中分别加入少量 $Pb(NO_3)_2$ 和 $NaNO_3$ 固体，加热，观察有何现象？用带有余烬的火柴伸进管口，观察现象，并加以解释。

总结硝酸盐热分解与阳离子的关系，并解释之。

3. 碳酸盐的性质

(1)碳酸盐热稳定性的比较：

在试管中装入约 2g $NaHCO_3$ 固体，用试管夹夹住试管，管口连接一有塞玻璃管，玻璃管另一端插入一装有澄清石灰水的试管中。加热，观察石灰水有何变化。

用同样的方法加热 Na_2CO_3 比较两者热稳定性的大小。

(2)碳酸盐的水解：

①取 2 支试管分别加入 0.1mol/L Na_2CO_3溶液和 0.1mol/L $NaHCO_3$溶液各 1mL，滴加酚酞试液 2 滴，观察现象并解释之。

②取两 2 试管分别加入 1mol/L $BaCl_2$溶液和 1mol/L $CuSO_4$溶液各 1mL，再分别加入 1mol/L Na_2CO_3溶液 1mL，观察现象并解释之。

③在 0.5mL 饱和 $Al_2(SO_4)_3$溶液中加入 1mL 饱和 Na_2CO_3溶液，有何现象？反应产物是什么？

4. 硼酸的性质和检验

(1)硼酸的生成：

取 1mL 硼砂饱和溶液，用 pH 试纸测其 pH 值。在该溶液中加入 0.5mL 浓 H_2SO_4，用冰水冷却，观察有无晶体析出？离心分离，弃去上清液，用少量冷水洗涤晶体 2 ~ 3 次，再用 0.5mL H_2O 使之溶解。用 pH 试纸测其 pH 值，并与硼砂溶液比较。

(2)硼酸的性质：

在 1 个试管中加少量 H_3BO_3固体和 6mL 蒸馏水，微热，使固体溶解。把溶液分装于 2

支试管中，在1支试管中加几滴甘油[$C_3H_5(OH)_3$]，混匀，然后各加1滴甲基橙指示剂。观察溶液的颜色，比较颜色的差异并解释之。

(3)硼酸的鉴定：

取少量硼酸晶体放在蒸发皿中，加几滴浓 H_2SO_4 和2mL乙醇，混合后点燃，观察火焰呈现出来的由硼酸三乙酯蒸气燃烧时所发出的特征绿色。

5. Sn(Ⅱ)的还原性

在盛有1mL 0.1mol/L $SnCl_2$ 溶液的试管中，滴加2mol/L NaOH溶液，同时不断振荡直至生成的沉淀完全溶解再过量3滴，然后加入0.1mol/L $Bi(NO_3)_3$ 溶液数滴，观察有何现象发生？写出反应方程式，此反应可用于鉴定 Bi^{3+}。

6. 氢氧化铝的性质

在3支试管中分别加入0.5mL 0.5mol/L $Al_2(SO_4)_3$ 溶液，再滴加0.5mL 2mol/L $NH_3 \cdot H_2O$，生成沉淀，离心分离，弃去上清液。在3支试管中分别加入过量的6mol/L的 $NH_3 \cdot H_2O$、NaOH和HCl溶液，观察有何现象发生？写出反应方程式。

7. 物质鉴别

自行设计实验，用最简单的方法鉴别下列固体物质：$NaNO_3$、Na_3PO_4、Na_2CO_3、$NaHCO_3$、Na_2SiO_3。列出实验步骤，根据实验现象作出结论，写出有关反应方程式。

【思考题】

(1)如何用化学方法鉴别下列各组溶液？

①Na_2CO_3 和 $NaNO_3$；②NH_4Cl 和 $(NH_4)_2SO_4$。

(2)为什么不能用磨口玻璃瓶盛装碱液？

(3)硼酸溶液加甘油后为什么酸度会变大？

实验十二 碱金属和碱土金属元素

【实验目的】

(1)理解金属镁和氢氧化镁的性质。

(2)比较镁、钙、钡难溶盐的生成和性质。

(3)掌握 K^+、Na^+ 的鉴定及常见离子的焰色反应。

【实验原理】

碱金属和碱土金属这两族组元素是周期系中最典型的金属元素，化学性质非常活泼，其单质都是强还原剂。

除LiOH为中强碱外，碱金属氢氧化物都是易溶的强碱。碱土金属氢氧化物的碱性小于碱金属氢氧化物，在水中的溶解度也较小，都能从溶液中沉淀析出。

碱金属盐多数易溶于水，只有少数几种盐难溶，如醋酸铀酰锌钠、四苯硼酸钾等，因此可利用它们的难溶性来鉴定 K^+、Na^+ 离子。

在碱土金属盐中，硝酸盐、卤化物(氟化物除外)、醋酸盐均易溶于水，碳酸盐、草酸盐等难溶于水，因此可利用难溶盐的生成和溶解性差异来鉴定 Mg^{2+}、Ca^{2+} 离子。

【实验试剂】

2mol/L HCl、3mol/L NH_4Cl、0.1mol/L $MgSO_4$、2mol/L NaOH、0.1mol/L $MgCl_2$、(0.1mol/L，0.5mol/L) $CaCl_2$、(0.1mol/L，0.5mol/L) $BaCl_2$、0.1mol/L Na_2SO_4、0.1mol/L Na_2CO_3、0.1mol/L K_2CrO_4、2mol/L HAc、0.5mol/L NaCl、0.5mol/L $SrCl_2$、0.5mol/L KCl、$(NH_4)_2C_2O_4$溶液、NH_3-$(NH_4)_2CO_3$混合液[含 NH_3、$(NH_4)_2CO_3$各0.1mol/L]、Na_2HPO_4溶液、浓 HNO_3、酚酞指示剂、镁粉、醋酸铀酰锌试剂、浓盐酸、1%四苯硼酸钠、20%钴亚硝酸钠。

【实验内容】

1. 金属镁和氢氧化镁的性质

(1)在试管中加入少量镁粉及蒸馏水约 2mL、酚酞指示剂 1 滴，观察现象。然后加热 2~3min，观察溶液颜色变化，解释原因并写出反应方程式。

(2)在 2 支试管中各加入 0.1mol/L $MgSO_4$溶液 5 滴、2mol/L NaOH 溶液 2 滴，观察现象。然后在两试管中分别加入 3mol/L NH_4Cl 溶液和 2mol/L HCl 数滴，观察现象并写出反应方程式。

2. 镁、钙、钡难溶盐的生成和性质

(1)硫酸盐溶解度的比较：

在 3 支试管中分别加入 0.2mol/L $MgCl_2$ 溶液 5 滴、0.2mol/L $CaCl_2$ 溶液 5 滴、0.2mol/L $BaCl_2$溶液 5 滴，然后各加 0.2mol/L Na_2SO_4溶液 5 滴，观察反应产物的状态和颜色。分别检验沉淀与浓 HNO_3的作用，写出反应方程式。比较 $MgSO_4$、$CaSO_4$、$BaSO_4$的溶解度大小。

(2)碳酸盐的生成和性质：

取 3 支试管，分别加入 0.1mol/L $MgCl_2$溶液、$CaCl_2$溶液和 $BaCl_2$溶液各 5 滴，再各加入 5 滴 0.1mol/L Na_2CO_3溶液 5 滴，观察现象。然后再分别加入 0.1mol/L HAc 溶液 10 滴，观察现象，并写出反应方程式。

取 3 支试管，分别加入 0.1mol/L $MgCl_2$溶液、$CaCl_2$溶液和 $BaCl_2$溶液各 5 滴，再各加 5 滴 0.1mol/L NH_3 -0.1mol/L $(NH_4)_2CO_3$ 混合溶液，观察现象并解释。然后再分别加入 0.1mol/L HAc 溶液 10 滴，观察现象，并写出反应方程式。

(3)铬酸盐的生成和性质：

另取 3 支试管，分别加入 0.1mol/L $MgCl_2$ 溶液 5 滴、0.1mol/L $CaCl_2$ 溶液 5 滴、0.1mol/L $BaCl_2$溶液 5 滴，再各加入 0.1mol/L K_2CrO_4溶液 5 滴，观察现象。将有沉淀产生的试管内的沉淀分为 2 份，分别试验沉淀是否溶于 6mol/L HAc 溶液和 2mol/L HCl 溶液，写出反应方程式。

3. 钠盐、钾盐的鉴定

(1)于一试管中加入 0.5mol/L NaCl 溶液 1 滴，再加 2mol/L HAc 溶液 2 滴和约 10 滴醋

酸铀酰锌试液，用玻璃棒摩擦试管壁，观察现象，写出反应方程式。

(2)于一试管中加入0.5mol/L KCl溶液2滴，再加入3～4滴钴亚硝酸钠试液，观察现象，写出反应方程式。

(3)于一试管中加入0.5mol/L KCl溶液2滴，加入3～4滴四苯硼酸钠试液，观察反应现象。写出反应方程式。

4. 钙、镁离子的鉴定

(1)在1支试管中，加5滴0.1mol/L $CaCl_2$溶液和10滴$(NH_4)_2C_2O_4$溶液，观察现象。实验产物对2mol/L HAc和2mol/L HCl溶液的作用，写出反应方程式。

(2)在一支试管中，加10滴0.1mol/L $MgCl_2$溶液和10滴NH_3-NH_4Cl溶液，再加10滴Na_2HPO_4溶液，振荡试管，观察现象。写出反应方程式。

5. 钠、钾、钙、锶、钡盐的焰色试验

取铂丝棒反复蘸以浓盐酸，在酒精喷灯上灼烧至无色。分别蘸以0.5mol/L的NaCl、KCl、$CaCl_2$、$SrCl_2$、$BaCl_2$溶液在氧化焰中灼烧，观察并比较它们的焰色有何不同。

4.3 制备实验

实验十三 氯化钠的提纯

【实验目的】

(1)掌握用化学方法提纯氯化钠的原理及纯度检验的方法。

(2)练习溶解、蒸发、浓缩、结晶、常压过滤、减压过滤、结晶洗涤和烘干等基本操作。

(3)学习Ca^{2+}、Mg^{2+}、SO_4^{2-}的定性检验方法。

【实验原理】

粗食盐中含有不溶性杂质(如泥沙等)和可溶性杂质(主要是Ca^{2+}、Mg^{2+}、K^+、SO_4^{2-}等)，不溶性杂质可用溶解和过滤的方法除去，可溶性杂质可用化学方法除去。

在粗食盐溶液中加入稍过量的$BaCl_2$溶液时，即可将SO_4^{2-}转化为难溶解的$BaSO_4$沉淀而除去：

$$Ba^{2+}+SO_4^{2-} = BaSO_4\downarrow$$

将溶液过滤，除去$BaSO_4$沉淀。再加入NaOH和Na_2CO_3溶液，由于发生下列反应：

$$Mg^{2+}+2OH^- = Mg(OH)_2\downarrow$$

$$Ca^{2+}+CO_3^{2-} = CaCO_3\downarrow$$

$$Ba^{2+}+CO_3^{2-} = BaCO_3\downarrow$$

食盐溶液中的杂质Ca^{2+}、Mg^{2+}以及沉淀SO_4^{2-}时加入的过量Ba^{2+}便相应转化为难溶的$Mg(OH)_2$、$CaCO_3$、$BaCO_3$沉淀而通过过滤的方法除去。过量的NaOH和Na_2CO_3可以用纯盐酸中和除去。

少量可溶性的杂质(如 KCl)由于含量很少，在蒸发浓缩和结晶过程中仍留在溶液中，不会和 NaCl 同时结晶出来。

【仪器与试剂】

仪器：台秤、普通漏斗、漏斗架、布氏漏斗、吸滤瓶、蒸发皿、石棉网。

试剂：粗食盐、2mol/L HCl、1mol/L Na_2CO_3、2mol/L NaOH、1mol/L $BaCl_2$、0.5mol/L $(NH_4)_2C_2O_4$、镁试剂。

其他：pH 试纸、滤纸。

【实验内容】

1. 粗食盐的提纯

(1)在台秤上称取 4g 粗食盐，放入小烧杯中，加 30mL 蒸馏水，用玻璃棒搅拌并加热使其溶解，溶液近沸腾时，在搅动下逐滴加入 1mol/L $BaCl_2$溶液至沉淀完全(约 2mL)，继续加热，使 $BaSO_4$颗粒长大而易于沉淀和过滤。为了试验沉淀是否完全，可将烧杯从石棉网上取下，待沉淀沉降后，在上层清液中加入 1 ~2 滴 $BaCl_2$溶液，观察澄清液中是否还有浑浊现象，如果无浑浊现象，说明SO_4^{2-}已完全沉淀，如果仍有浑浊现象，则需继续滴加 $BaCl_2$溶液，直至上层清液再加入 1 滴 $BaCl_2$后，不再产生浑浊现象为止。沉淀完全后，继续加热 5min，以使沉淀颗粒长大易于沉降，用普通漏斗过滤。

(2)在上述滤液中加入 1mL 2mol/L NaOH 溶液和 3mL 1mol/L Na_2CO_3溶液加热至沸。待沉淀沉降后，在上层清液中加 1mol/L Na_2CO_3溶液至不再产生沉淀为止，用普通漏斗过滤。

(3)在上述滤液中逐滴加入 2mol/L HCl 溶液，并用玻璃棒沾取滤液在 pH 试纸上试验，直至溶液呈微酸性为止(pH 值为 3 ~4)。

(4)将溶液倒入蒸发皿中，用小火加热蒸发，浓缩至稀糊状为止，但切不可将溶液蒸发至干。

(5)适当冷却后，用布氏漏斗过滤，尽量将结晶抽干。将结晶重新置于干净的蒸发皿上，在石棉网上用小火加热烘干。

(6)称出产品的质量，并计算产量百分率。

2. 产品纯度的检验

在 2 个试管中，分别取少量(约 1g)提纯前和提纯后的食盐，各用 5mL 蒸馏水溶解，然后各分装于 3 支试管中，组成 3 个对照组，对比检验它们的纯度。

(1)SO_4^{2-}的检验

在第一组对照组溶液中，分别加入 2 滴 1mol/L $BaCl_2$溶液，比较二者是否有沉淀产生。

(2)Ca^{2+}的检验

在第二组对照组溶液中，分别加入 2 滴 0.5mol/L $(NH_4)_2C_2O_4$溶液，比较二者是否有沉淀产生。

(3)Mg^{2+}的检验

在第三组对照组溶液中，分别加入 2～3 滴 2mol/L NaOH 溶液，使溶液呈碱性(用 pH 试纸试验)，再各加入 2～3 滴镁试剂，比较两溶液蓝色沉淀的产生情况。

镁试剂是一种有机染料，它在酸性溶液中呈黄色，在碱性溶液中呈红色或紫色，但被 $Mg(OH)_2$沉淀吸附后，则呈天蓝色，因此可以用来检验 Mg^{2+}的存在。

【思考题】

(1)在除去粗食盐中的 Ca^{2+}、Mg^{2+}、SO_4^{2-}时，为什么要先加入 $BaCl_2$溶液，然后再加入 Na_2CO_3溶液？

(2)蒸发前为什么要用盐酸将溶液的 pH 值调至 3～4？

(3)提纯后的食盐溶液浓缩时为什么不能蒸干？

实验十四　硫酸亚铁铵的制备

【实验目的】

(1)理解复盐的制备方法。

(2)熟悉称量、溶解、过滤、蒸发、结晶、检验等基本操作。

(3)练习目测比色法检验产品质量的方法。

【实验原理】

铁与稀 H_2SO_4溶液发生反应生成 $FeSO_4$，反应方程式如下：

$$Fe + H_2SO_4 = FeSO_4 + H_2\uparrow$$

通常，亚铁盐在空气中易被氧化。例如，硫酸亚铁在中性溶液中能被溶于水中的少量氧气氧化并进而与水作用，甚至析出棕黄色的碱式硫酸铁(或氢氧化铁)沉淀。若往溶液中加入与 $FeSO_4$等摩尔的$(NH_4)_2SO_4$，在水溶液中相互作用，生成溶解度较小的浅蓝绿色的硫酸亚铁铵 $FeSO_4\cdot(NH_4)_2SO_4\cdot6H_2O$ 复盐晶体，反应方程式如下：

$$FeSO_4 + (NH_4)_2SO_4 + 6H_2O = FeSO_4\cdot(NH_4)_2SO_4\cdot6H_2O$$

硫酸亚铁铵比较稳定，它的六水合物$[FeSO_4\cdot(NH_4)_2SO_4\cdot6H_2O]$不易被空气氧化，在定量分析中常用以配制亚铁离子的标准溶液。像所有的复盐那样，硫酸亚铁铵在水中的溶解度比组成它的每一组分 $FeSO_4$或$(NH_4)_2SO_4$的溶解度都要小。

由于 Fe^{3+}能与 SCN^-生成红色的物质$[Fe(SCN)]^{2+}$溶液，当红色较深时，表明产品中含 Fe^{3+}较多；当红色较浅时，表明产品中含 Fe^{3+}较少。所以，只要将所制备的硫酸亚铁铵晶体与 KSCN 溶液在比色管中配制成待测溶液，将它所呈现的红色与含一定 Fe^{3+}量所配制成的标准$[Fe(SCN)]^{2+}$溶液的红色进行比较，根据红色深浅程度相仿情况，即可知待测溶液中杂质 Fe^{3+}的含量，从而可确定产品的等级。

【实验试剂】

固体试剂：废铁屑、硫酸铵。

液体试剂：2mol/L HCl、3mol/L H_2SO_4、2mol/L NaOH、1mol/L $BaCl_2$、1mol/L

KNCS、1.00 mg/mL Fe^{3+}标准溶液、95%乙醇。

【实验内容】

1. 铁屑表面油污的去除

称取废铁屑4g于小烧杯中，加入20mL 2mol/L NaOH溶液或10% Na_2CO_3溶液，小火加热10min，用倾析法除去碱液，用水把铁屑冲洗干净，备用。

2. 硫酸亚铁的制备

在盛有4g铁屑的小烧杯中倒入30mL 3mol/L H_2SO_4溶液，盖上表面皿，放在石棉网上小火加热，使铁屑和H_2SO_4反应直到不再有气泡产生为止(约50min)。在加热过程中应不时加入少量水，以补充蒸发掉的水分，这样做可以防止$FeSO_4$结晶出来。趁热减压过滤，滤液立即转移至蒸发皿中，此时溶液的pH值应在1左右。

3. 硫酸亚铁铵的制备

根据$FeSO_4$的理论产量，按反应方程式计算所需固体硫酸铵的质量。在室温下将称出的$(NH_4)_2SO_4$配制成饱和溶液，加到$FeSO_4$溶液中，混合均匀并用3mol/L H_2SO_4溶液调节pH值为1~2。用小火蒸发浓缩至表面出现晶体膜为止(蒸发过程中不要搅动)，放置使溶液慢慢冷却，硫酸亚铁铵即可结晶出来。用减压过滤法滤出晶体，并用少量的酒精洗涤晶体2次，以除去晶体表面附着的水分。将晶体倒出，倒在一张干净的滤纸上，并用另一张滤纸轻压，以吸干母液，至晶体不再黏附玻璃棒为止。观察晶体的开头颜色。称出质量并计算产率。

产率计算公式如下：

$$产率=\frac{实际产量/g}{理论产量/g}\times 100\%$$

4. 产品检验

(1)用实验方法证明产品中含有NH_4^+、Fe^{2+}和SO_4^{2-}。

(2)Fe^{3+}的限量分析：称取1.0g产品置于25mL比色管中，用15mL不含氧的蒸馏水溶解，加入2mL 2mol/L HCl溶液和1mL 1mol/L KSCN溶液，再加不含氧的蒸馏水至25mL刻度，摇匀后，将所呈现的红色和表4-8标准溶液的红色比较，确定Fe^{3+}的含量符合哪一级试剂的规格。

表4-8 硫酸亚铁铵纯度级别表

规格	Ⅰ级	Ⅱ级	Ⅲ级
含Fe^{3+}量/(mg/mL)	0.05	0.10	0.20

【思考题】

(1)铁屑表面的油污是怎样去除的?

(2)为什么要保持$FeSO_4$和$FeSO_4\cdot(NH_4)_2SO_4$溶液有较强的酸性?

(3)如何计算$FeSO_4$的理论产量和反应所需的$(NH_4)_2SO_4$的质量?

(4)怎样证明产品中含有NH_4^+、Fe^{2+}和SO_4^{2-}?怎样分析产品中的Fe^{3+}含量?

【注意事项】

(1)避免使用锈蚀程度过大的铁屑，因其表面 Fe_2O_3 过多无法被铁完全还原，会导致 Fe^{3+} 留在溶液中而影响产品的质量。

(2)铁屑颗粒不宜太细，如果太细当其与酸反应时容易被反应产生的泡沫冲起而浮在液体表面或粘在锥形瓶内壁而脱离溶液。

(3)硫酸的浓度不宜太大或太小。浓度太小，反应慢；浓度太大，易产生 Fe^{3+}、SO_2，使溶液出现黄色，或形成块状黑色物。硫酸亚铁制备过程中，无论控制酸过量还是铁过量，均能得到硫酸亚铁产品，但产品的质量和纯度会有所不同。一般来说，Fe 稍过量时，产品质量较好，未反应的铁可循环反应。

(4)硫酸亚铁制备过程中，应边加热边补充水，但不能加水过多，尽可能保持溶液 $pH<2$，pH 值太高则 Fe^{2+} 易被氧化成 Fe^{3+}。且应分次补充少量水，防止 $FeSO_4$ 析出。

(5)在检验产品中 Fe^{3+} 含量时，为防止 Fe^{2+} 被溶解在水中的氧气氧化，可将蒸馏水加热至沸腾，以赶出水中溶入的氧气。

实验十五 用废电池的锌皮制备硫酸锌

【实验目的】

(1)学习由废锌皮制备硫酸锌的方法。

(2)熟悉控制 pH 值进行沉淀分离。

(3)了解硫酸锌的性质。

【实验原理】

锌锰干电池上的锌皮，既是电池的负极，又是电池的壳体。当电池报废后，锌皮一般仍大部分留存，将其回收利用，既能节约资源，又能减少对环境的污染。

锌是两性金属，既能溶于酸也能溶于碱，在常温下，锌片和碱的反应很慢，而锌与酸的反应则快得多。本实验采用稀硫酸溶解回收锌皮以制取硫酸锌：

$$Zn + H_2SO_4 \longrightarrow ZnSO_4 + H_2\uparrow$$

此时，锌皮中含有的少量杂质铁也同时溶解，生成硫酸亚铁：

$$Fe + H_2SO_4 \longrightarrow FeSO_4 \longrightarrow FeSO_4 + H_2\uparrow$$

因此，在所得的硫酸锌溶液中，先用 H_2O_2 将 Fe^{2+} 氧化成为 Fe^{3+}：

$$2FeSO_4 + H_2O_2 + H_2SO_4 \longrightarrow Fe_2(SO_4)_3 + 2H_2O$$

然后用 NaOH 调节溶液 $pH=8$，使 Zn^{2+}、Fe^{3+} 生成氢氧化物沉淀：

$$ZnSO_4 + 2NaOH \longrightarrow Zn(OH)_2\downarrow + Na_2SO_4$$

$$Fe_2(SO_4)_3 + 6NaOH \longrightarrow 2Fe(OH)_3\downarrow + 3Na_2SO_4$$

此时再加入稀 H_2SO_4，控制溶液 pH 值为 4~4.5，此时 $Zn(OH)_2$ 溶解而 $Fe(OH)_3$ 不溶解，因此可过滤除去 $Fe(OH)_3$ 沉淀。最后将滤液酸化、蒸发、浓缩、结晶，即得 $ZnSO_4\cdot$

$7H_2O$ 晶体。

【实验试剂】

试剂：酸：2mol/L H_2SO_4、2mol/L HNO_3、2mol/L HCl；

碱：2mol/L NaOH；

盐：0.1mol/L $AgNO_3$、0.5mol/L KSCN；

其他：H_2O_2（质量分数为3%）。

材料：试纸、滤纸。

【实验内容】

1. 锌皮的回收及处理

拆下废电池的锌皮（一个大号废电池，锌皮如无严重腐蚀，可供两组使用），锌皮表面可能有氯化锌、氯化铵及二氧化锰等杂质，应先用水刷洗除去。锌皮上还可能沾有石蜡、沥青等有机物，可在锌皮溶于酸后过滤除去。将锌皮剪成细条状，备用（以上由学生在实验前准备好）。

2. 锌的溶解

称取处理好的锌皮5g，加入适量2mol/L H_2SO_4溶液（体积在实验前算好），加热，待反应较快时停止加热。反应完毕，用表面皿盖好，放置过夜或放到下次实验。过滤，滤液盛在400mL烧杯中。

3. $Zn(OH)_2$的生成

将滤液加热近沸，加入3% H_2O_2溶液10滴，在不断搅拌下滴加2mol/L NaOH溶液，逐渐有大量白色$Zn(OH)_2$沉淀生成。当加入NaOH溶液约20mL时，加水150mL，充分搅匀。在不断搅拌下，继续滴加NaOH至溶液pH=8为止。用布氏漏斗减压过滤，取后期滤液2mL，加2mol/L HNO_3溶液2~3滴、0.1mol/L $AgNO_3$溶液2~3滴，振荡试管，观察现象（用蒸馏水代替滤液作对照实验）。如有浑浊，说明沉淀中含有可溶性杂质，需用蒸馏水洗涤（淋洗），直至滤液中不含Cl^-为止，弃去滤液。

4. $Zn(OH)_2$的溶解及铁的去除

将$Zn(OH)_2$沉淀转移至烧杯中，另取2mol/L H_2SO_4溶液滴加到$Zn(OH)_2$沉淀中去（不断搅拌]，当有溶液出现时，小火加热，并继续滴加H_2SO_4溶液，控制溶液pH=4（注意：后期加酸要缓慢，当溶液pH值为4.0~4.5时，即使还有少量白色沉淀未溶，也不再加酸）。加热、搅拌，沉淀逐渐溶解，加H_2SO_4溶液约30mL。将溶液加热至沸，促使Fe^{3+}水解完全，生成$Fe(OH)_3$沉淀，趁热过滤，弃去沉淀。

5. 蒸发、结晶

在除铁后的滤液中，滴加2mol/L H_2SO_4，使溶液pH=2，将其转入蒸发皿中，在水浴上蒸发、浓缩至液面上出现晶膜。自然冷却后，用布氏漏斗减压过滤，将滤饼放在两层滤纸之间吸干，称量并计算产率。

6. 产品检验

产品质量检验的实验现象与实验室提供的试剂（三级品）“标准”进行对比。

称取制得的 $ZnSO_4 \cdot 7H_2O$ 晶体 1g 加水 10 mL 使之溶解，将其均分于两支试管中，进行下述试验：

(1) Cl^- 检验。在 1 支试管中，加入 2mol/L HNO_3 溶液 2 滴和 0.1mol/L $AgNO_3$ 溶液 2 滴，摇匀，观察现象并与“标准”进行比较。

(2) Fe^{3+} 检验。在另 1 支试管中，加入 2mol/L HCl 溶液 5 滴和 0.5mol/L KSCN 溶液 2 滴，摇匀，观察现象并与“标准”进行比较。

根据上面检验比较的结果，评定产品中 Cl^-、Fe^{3+} 的含量是否达到三级品试剂标准。

【思考题】

(1) 计算溶解锌需要 2mol/L H_2SO_4 溶液（过量 25%）多少毫升？

(2) 沉淀 $Zn(OH)_2$ 时，为什么要控制 pH = 8？计算说明。

(3) 本实验若不经 $Zn(OH)_2$ 的生成及溶解除铁，而是采用控制加 NaOH 溶液的量进行分步沉淀，一次性制备硫酸锌，该工艺是否可行，为什么？有关参数见表 4-9。

表 4-9　有关氢氧化物沉淀的 pH 值

氢氧化物	开始沉淀时溶液的 pH 值		沉淀完全时溶液的 pH 值
	初始浓度为 1mol/L	初始浓度为 0.01mol/L	
$Fe(OH)_3$	1.5	2.2	3.2
$Zn(OH)_2$	5.5	6.5	7.8
$Fe(OH)_2$	6.5	7.5	9.0

4.4　综合设计性实验

实验十六　以废铝制备氢氧化铝

【实验目的】

(1) 通过由废铝制备氢氧化铝，了解废物综合利用的意义。

(2) 熟悉金属铝和氢氧化铝的有关性质。

(3) 锻炼学生运用相关理论知识自主设计实验的能力。

(4) 培养学生查阅相关资料解决实际问题的能力。

【实验原理】

$Al(OH)_3$ 为白色、无定形粉末，无嗅无味，可溶于酸和碱，不溶于水，用作分析试剂、媒染剂，也用于制药工业和铝盐制备。

我国每年有大量废弃的铝，如铝制牙膏皮、铝制药膏皮、铝制器皿、铝制饮料罐等。本实验是利用废弃的铝制品来制备工业上有用的 $Al(OH)_3$。

【实验仪器及用品】

根据需要自选。

【实验内容及要求】

(1)查阅参考资料，写出合理的设计方案及相关反应方程式，可参照实验十五。

(2)废铝制品采用合理的方法预处理，得到表面较为干净的铝片。

(3)制备出 $Al(OH)_3$产品，并计算产率。

(4)上交一份完整的实验报告，报告格式及要求可参照1.6。

【思考题】

(1)计算 $Al(OH)_3$沉淀完全时溶液的pH值，沉淀时应控制的pH值范围。

(2)欲得到纯净松散的 $Al(OH)_3$沉淀，合成中应注意哪些条件?

(3) $Al(OH)_3$合成过程中，如何检验沉淀是否完全?

【实验总结】

通过自己查阅资料，设计实验，得出实验结果，谈谈自己的体会和感受。

实验十七　高锰酸钾的制备

【实验目的】

(1)掌握浸取、减压过滤、蒸发结晶、重结晶等基本操作。

(2)学习气体钢瓶的使用操作或启普发生器的使用操作。

(3)了解碱溶法分解矿石以及制备高锰酸钾的原理和方法。

【实验原理】

高锰酸钾的制备方法有多种，方法之一是以软锰矿(主要成分为 MnO_2)为原料制备高锰酸钾。制备过程一般分为两步，首先氧化制备锰酸钾，然后再将锰酸钾转化为高锰酸钾。

MnO_4^{2-} 不稳定，在酸性介质中极易发生歧化反应，而在碱性介质歧化反应趋势小，并且反应速度也慢。因此首先将矿石通过碱熔的方法转化为锰酸盐，然后再将锰酸钾转化为高锰酸钾，一般可利用歧化反应或氧化的方法。反应后，过滤除去 MnO_2，再蒸发、浓缩、重结晶即可获得精制的高锰酸钾。

【实验仪器及用品】

根据需要自选。

【实验内容及要求】

(1)查阅文献资料，根据实验原理设计高锰酸钾制备流程，并用流程图表示制备过程。

(2)完成制备实验，并将产品重结晶。

(3)计算产品产率。

(4)上交一份完整的实验报告，报告格式及要求可参照1.6。

【思考题】

(1)为什么制备锰酸钾时要用铁坩埚而不用瓷坩埚?

(2)为了使 K_2MnO_4发生歧化反应，能否用 HCl 代替 CO_2？为什么?

【实验总结】

通过自己查阅资料，设计实验，得出实验结果，谈谈自己的体会和感受。

实验十八　常见阳离子的分离及鉴定

【实验目的】

(1)掌握常见阳离子的基本性质和重要反应。

(2)掌握常见阳离子的分离原理及鉴定方法。

(3)进一步练习分离、鉴定的基本操作。

【实验原理】

离子的分离和鉴定是以各离子对试剂的不同反应为依据的，这种反应常伴随有特殊的现象，如沉淀的生成或溶解、特殊颜色的出现、气体的产生等。各离子对试剂作用的相似性和差异性都是构成离子分离与检出方法的基础，也就是说，离子的基本性质是进行分离鉴定的基础。因而要想掌握阳离子的分离鉴定方法，就要熟悉阳离子的基本性质。

离子的分离和鉴定只有在一定条件下才能进行。所谓一定的条件，主要指溶液的酸度、反应物的浓度、反应温度、促进或妨碍此反应的物质是否存在等。为使反应向期望的方向进行，就必须选择适当的反应条件。因此，除了要熟悉离子的有关性质外，还要学会运用离子平衡(酸碱、沉淀、氧化还原、配位等平衡)的规律控制反应条件，这对于进一步掌握离子分离条件和鉴定方法的选择将有很大帮助。

【实验仪器和用品】

根据需要自选。

【实验内容】

根据下述实验内容，列出实验用品及分析步骤，实验完成后上交一份完整的实验报告。

(1)区分两片银白色金属片：铝片、锌片。

(2)鉴别四种黑色和近于黑色的氧化物：CuO、Co_2O_3、PbO_2、MnO_2。

(3)未知混合液 1、2、3 分别含有 Cr^{3+}、Mn^{2+}、Fe^{3+}、Co^{2+}、Ni^{2+} 中的大部分或全部，设计实验方案以确定未知的溶液中，存在哪几种离子?

(4)盛有以下 10 种硝酸盐的试剂瓶标签被腐蚀，试加以鉴别。

$AgNO_3$	$Hg(NO_3)_2$	$Hg(NO_3)_2$	$Pb(NO_3)_2$	$NaNO_3$
$Cd(NO_3)_2$	$Zn(NO_3)_2$	$Al(NO_3)_3$	KNO_3	$Mn(NO_3)_2$

(5)盛有下列10种固体钠盐的试剂瓶标签脱落，试加以鉴别。

$NaNO_3$	Na_2S	$Na_2S_2O_3$	Na_3PO_4	$NaCl$
Na_2CO_3	$NaHCO_3$	Na_2SO_4	$NaBr$	Na_2SO_3

【预习内容】

(1)根据给定混合阳离子试液及其基本性质，选择合适试剂，制定分离鉴定方案。

(2)写出本实验中鉴定过程中相关反应方程式。

【思考题】

(1)Al^{3+}、Fe^{3+}、Fe^{2+}、Co^{2+}、Zn^{2+}、Mn^{2+}中，哪些离子的氢氧化物具有两性？哪些离子的氢氧化物不稳定？哪些能生成氨配合物？

(2)Cu^{2+}的鉴定条件是什么？CuS溶于热的6mol/L HNO_3后，如何证实溶液中存在Cu^{2+}？

(3)在未知溶液分析中，当由碳酸盐沉淀转化为铬酸盐时，为什么必须用醋酸溶液去溶解碳酸盐沉淀，而不用强酸如盐酸去溶解？

实验十九　固体试样分析

【实验目的】

(1)掌握固体试样的分析原理、方法及实验步骤。

(2)根据试样的外形、溶解性、溶液的酸碱性和阴、阳离子的检出结果等，全面分析未知试样的组分。

【实验原理】

对于固体试样分析，首先要进行初步观察，观察其外形、颜色和气味。其中颜色特别重要，是鉴别物质的重要依据之一。本实验提供的固体试样均为易溶于水的无机化合物，其特征颜色可参看表4-10。初步观察后即进行灼烧实验，其现象可参看表4-11。然后将固体试样溶于水制成阴、阳离子试液，再分别检出阴、阳离子，最后根据鉴定结果判断固体试样中含有的组分。

表4-10　常见的易溶有色无机化合物

颜色	化合物
橙	$K_2Cr_2O_7$，某些钴盐
粉红	$MnSO_4 \cdot 7H_2O$，$CoCl_2 \cdot 6H_2O$等
黄	多数铬酸盐，铁盐
绿	镍盐，水合亚铁盐，铁盐，某些铜盐(如$CuCl_2 \cdot 2H_2O$)，某些铬盐
蓝	$CuSO_4 \cdot 5H_2O$，$Cu(NO_3)_2 \cdot 6H_2O$，无水$CoCl_2$等
紫	$KMnO_4$，$Cr_2(SO_4)_2$等

表 4-11 灼烧试验及现象

现象	推断
放出水蒸气(试管口有水珠)	含结晶水的化合物
放出 O_2(火柴余烬复燃)	硝酸盐，卤酸盐，$KMnO_4$
放出 NO_2(红棕色气体)	重金属硝酸盐或亚硝酸盐
放出 CO_2(石灰水变浑)	碳酸盐，酸式碳酸盐
放出 SO_2(刺激性气体)	亚硫酸盐，硫代硫酸盐，某些硫酸盐
升华	卤化铵

【实验仪器及用品】

根据实验自选。

【实验内容及要求】

领取未知固体试样 1 份，然后按以下步骤进行分析：

1. 外标观察

仔细观察并记录样品的颜色、形态，根据样品的颜色，初步估计可能会有哪些组分(见表 4-10)。

2. 样品的准备

将样品充分研细、混匀后分为 4 份：第一份做灼烧实验；第二份做阳离子分析；第三份做阴离子分析；第四份保留备用。

3. 灼烧实验

取少量固体试样放在干燥的试管中小火加热，观察它是否会分解或升华。根据实验现象作出初步推断(参照表 4-11)。

4. 阳离子试液的制备与分析

取 0.1g 左右试样溶于约 5mL 蒸馏水中，用 pH 试纸检溶液的酸碱性。

本实验所分析的未知试样中可能含有 Ag^+、Pb^{2+}、Cu^{2+}、Al^{3+}、Cr^{3+}、Fe^{3+}、Fe^{2+}、Mn^{2+}、Zn^{2+}、Co^{2+}、Ni^{2+}、Ba^{2+}、Ca^{2+}、Mg^{2+}、K^+、Na^+、NH_4^+ 等 17 种常见阳离子。

5. 分离鉴定

通过查阅文献，自行设计实验步骤，鉴定出固体试样组分，写出鉴定分离过程及具体反应方程式。

6. 分析结果的判断

将分离鉴定反应所得的结果，结合试样的外表观察和灼烧试验现象，判断固体试样中含有哪些组分。

必要时可做对照试验或空白试验。

实验二十 茶叶中一些元素的分离和鉴定

【实验目的】

(1)学习从茶叶中分离和鉴定某些元素的方法。

(2)掌握微型实验的基本操作。

【实验原理】

茶叶等植物是有机体，主要由 C、H、O、N 等元素组成，还含有 P、I、Ca、Mg、Al、Fe、Cu、Zn 等一些元素。

把茶叶加热灰化后，除了几种主要元素形成易挥发物质逸出去外，其他元素仍留在灰烬中，用酸浸取，即可进入溶液，所以可从浸取液中分离鉴定 Ca、Mg、Al、Fe 和 P 等元素。

【实验仪器和药品】

根据需要自选。

【实验内容及要求】

1. 分离和鉴定茶叶中 Ca、Mg、Al、Fe 四种元素

通过查阅相关文献，设计茶叶中 Ca、Mg、Al、Fe 四种元素的分离和鉴定的过程，写出反应方程式。

2. 磷元素的分离和鉴定

自行设计实验步骤，验证茶叶中是否含有磷元素。

【设计提示】

(1)P 可用钼酸铵试剂单独鉴定出，其他四种离子需先分离后鉴别。

(2)可运用表 4-12 中的数据设计分离流程。

表 4-12 四种金属离子氢氧化物沉淀完全的 pH 值

化合物	$Cu(OH)_2$	$Mg(OH)_2$	$Al(OH)_3$	$Fe(OH)_3$
pH	>13	>11	5.2~9	4.1

【思考题】

(1)茶叶中还含有哪些元素？如何鉴定？

第 5 章　分析化学实验

5.1　一般性操作实验

实验二十一　分析天平的使用及称量练习

【实验目的】

(1)熟悉 TG－328A 型分析天平的构造和使用方法。

(2)掌握分析天平的基本操作及常用的称量方法，做到快而准。

(3)培养准确、整齐、简明的记录实验原始数据的习惯。

【实验原理】

天平是根据杠杆原理制成的，是用已知质量的砝码来衡量被称物体的质量，具体参见 3.1。

【仪器与试剂】

仪器：分析天平、台秤、称量瓶、药匙、表面皿、小烧杯。

试剂：固体食盐。

【实验内容】

1. *直接称量法*

用于直接称量某一固体物体的质量，如小烧杯等。

要求：所称物体洁净、干燥，不易潮解、升华，且无腐蚀性。

方法：分析天平零点调好以后，关闭天平，把被称物用一干净的纸条套住或戴专用手套，如图 5－1(a)所示，放在天平盘中央，调整砝码或调节环码指数盘使天平平衡，所得读数即为被称物的质量。

(a)用纸条套住称量瓶　　（b）试剂敲出方法

图 5－1

本实验要求直接称量出空烧杯的质量，读数记为 m_0。

2. 递减称量法(称取两份 0.4 ~0.5g 的食盐)

用于称量一定质量范围的试样。适用于称取多份易吸水、易氧化或易于和 CO_2 反应的物质。具体方法如下：

(1)用小纸条夹住已干燥好的称量瓶，用台秤粗称其质量。

(2)将稍多于需要量的试样用牛角匙加入称量瓶，在台秤上粗称。

(3)将称量瓶放到分析天平右盘的中央，用环码指数盘旋钮加环码使之平衡，称出称量瓶及试样的准确质量(准确到 0.1mg)，记下读数，设为 m_1。关闭天平，将环码减去需称量的最小值。将称量瓶拿到接受器上方，右手用纸片夹住瓶盖柄，打开瓶盖。将瓶身慢慢向下倾斜，并用瓶盖轻轻敲击瓶口，使试样慢慢落入容器内(不要把试样撒在容器外)，如图 5-1(b)所示。当估计倾出的试样已接近所要求的质量时(可从体积上估计)，慢慢将称量瓶竖起，并用盖轻轻敲瓶口，使黏附在瓶口上部的试样落入瓶内，盖好瓶盖，将称量瓶放回分析天平右盘上称量。若右边重，则需重新敲击，若右边轻，则不能再敲。准确称取其质量，设此时质量为 m_2，则倒入接受器中的样品质量为($m_1 - m_2$)。重复以上操作，可称取多份试样。

3. 指定质量称量法

用于称量指定质量的试样。如称量基准物质，用来配制一定浓度和体积的标准溶液。

要求：试样不吸水，在空气中性质稳定，颗粒细小(粉末)。

方法：先称出容器的质量，关闭天平。然后加入固定质量的砝码，再用牛角勺将试样慢慢加入盛放试样的容器中，半开天平进行称重。当所加试样与指定质量相差不到 10mg 时，完全打开天平，极其小心地将盛有试样的牛角勺伸向容器上方约 2 ~3cm 处，勺的另一端顶在掌心上，用拇指、中指及掌心拿稳牛角勺，并用食指轻弹勺柄，将试样慢慢抖入容器中，直至天平平衡。此操作必须十分仔细。

本实验要求准确称量 1.2345g 食盐。

【数据记录及处理】

实验项目	实验内容	实验结果
天平零点的测定	零点：0.00	
空烧杯质量/g	m_0	
样品倒出前，称量瓶 + NaCl 质量/g	m_1	
样品倒出后，称量瓶 + NaCl 质量/g	m_2	第一份 NaCl 质量 $m_1 - m_2$
空烧杯 + 第一份 NaCl 质量/g	m_3	
样品再次倒出后，称量瓶 + NaCl 质量/g	m_4	第二份 NaCl 质量 $m_2 - m_4$
空烧杯 + 第二份 NaCl 质量/g	m_5	

可通过 $m_1 - m_2 = m_3 - m_0$ 和 $m_2 - m_4 = m_5 - m_0$ 来检验称量结果的准确性。

【思考题】

(1)称量结果应记录至几位有效数字？为什么？

(2)称量时，应每次将被称物放在天平盘的中央，为什么？

(3)本实验中要求称量偏差不大于0.4mg，为什么？

【注意事项】

从此次实验开始，每次实验结束前，应将称量瓶洗干净，开盖放在培养皿中晾干，为下次实验做准备。

实验二十二　容量仪器的校准

【实验目的】

(1)学习并掌握移液管、滴定管、容量瓶的使用方法。

(2)学会容量仪器的校正方法。

(3)了解容量仪器校准的意义。

【实验原理】

欲使分析结果准确，所用容量仪器必须有足够准确度，但有些容量器皿的实际容积与其所标示的容积往往不完全相符，而且通常的容器校正以20℃为标准，但使用时的温度不一定是20℃，温度改变时，容器的容积及溶液的体积都将发生改变，因此，精密分析时需进行容量器皿的校准。容器校准时，根据具体情况可采用相对校准和称量校准。

1. 相对校准

在实际工作中，容量瓶和移液管常常是配套使用的。例如，要用25mL移液管从250mL容量瓶中取1/10容积的液体，则移液管与容量瓶的容积比只要1∶10就行了。此时，可采用相对校准的方法。

2. 称量校准

滴定管、容量瓶、移液管的实际容积往往采用称量校准方法。原理为：称取量器中所放出或所容纳 H_2O 的质量。并根据该温度下 H_2O 的密度，计算出该量器在20℃时的容积。但是，由质量换算成容积时必须考虑 H_2O 的密度、空气浮力、玻璃的膨胀系数三个方面的影响。为了方便起见，表5-1列出了三个因素综合校准后的换算系数。根据表中换算系数(f)，用下式即可算出某一温度(t)下一定质量(m)的纯 H_2O 在20℃时所占的实际容积(V)：

$$V = f \cdot m$$

例如，校准移液管时，在15℃称得纯 H_2O 质量为24.94g，查表得15℃时的综合换算系数为1.0021，由此算得它在20℃时的实际体积为：

$$V = 1.0021\text{mL/g} \times 24.94 = 24.99\text{mL}$$

表5-1　在不同温度下纯 H_2O 体积的综合换算系数(f)

t/℃	f/(mL/g)	t/℃	f/(mL/g)	t/℃	f/(mL/g)	t/℃	f/(mL/g)
10	1.00161	17	1.00234	24	1.00363	31	1.00535
11	1.00168	18	1.00249	25	1.00385	32	1.00569
12	1.00177	19	1.00265	26	1.00409	33	1.00599
13	1.00186	20	1.00283	27	1.00433	34	1.00629
14	1.00196	21	1.00301	28	1.00458	35	1.00660
15	1.00207	22	1.00321	29	1.00484	36	1.00693
16	1.00221	23	1.00341	30	1.00512	37	1.00725

f 为不同温度下用纯 H_2O 充满1L(20℃)玻璃容器时 H_2O 质量的0.1%倒数，其中1L = 1.000028dm^3。

【主要仪器】

分析天平、25mL 移液管、250mL 容量瓶、50mL 酸式滴定管(或碱式滴定管)、50mL 磨口锥形瓶、温度计、400mL 烧杯。

【实验内容】

1. 滴定管的准备

将酸式滴定管或碱式滴定管洗净，检漏。用自来水和蒸馏水各润洗3次，每次用量约为5~10mL。加入与室温达平衡的蒸馏水至零刻度线以下附近，排除下端气泡，调节液面至“0.00”刻度处，记录水温(℃)及滴定管的初始读数(mL)。

2. 滴定管校准

准确称量50mL 干燥磨口锥形瓶的质量，再以正确操作由滴定管中放出15.00mL 蒸馏水于上述磨口锥形瓶中盖紧、称量。两次称量值之差即为滴定管中放出水的质量。

用同样方法测得滴定管0.00~20.00、0.00~25.00、0.00~30.00、0.00~35.00、0.00~40.00、0.00~45.00、0.00~50.00 刻度间放出水的质量，根据查得校准温度下水的密度，计算滴定管所测各段的真正容积。

要求：称量时称准至0.01g，每段重复一次，两次校正值之差不得超过0.02mL，结果取平均值。将所得结果用坐标纸绘制成以滴定管读数为横坐标，以校准值为纵坐标的校正曲线。

3. 移液管的校准

由25mL 移液管放出水的质量，计算其真正的容积，重复操作一次。校准方法及要求同上。

4. 容量瓶的校准

用已校准的移液管进行间接校准。用25mL 移液管移取蒸馏水至洗净而干燥的250mL 容量瓶中，移取10次后，仔细观察溶液弯月面是否与标线相切，否则另做一新标记。由移液管的真正容积可知容量瓶的容积(至新标线)。经相对校准过的移液管和容量瓶应配套使用。

【思考题】

(1)容量仪器为什么要校准?

(2)称量纯水所用的磨口锥形瓶，要避免将磨口部分和瓶塞沾湿，为什么?

(3)在本实验中为什么只需称准至0.01g?

(4)分段校准滴定管时，为何每次要从0.00mL开始?

(5)在进行滴定管以及移液管的校准和容量瓶的相对校准时，所用的锥形瓶是否都需要事先干燥?滴定管和移液管需要吗?

【注意事项】

(1)滴定管中加入的蒸馏水可事先用烧杯盛放，放在天平室内，杯中插温度计测量水温。

(2)由滴定管中放出水时勿将水滴在磨口上。

(3)滴定管、移液管的操作一定要正确。

实验二十三　酸碱溶液的滴定练习

【实验目的】

(1)熟练掌握滴定分析中容量仪器的正确使用。

(2)学习滴定操作，掌握甲基橙、酚酞指示剂准确确定终点的方法。

(3)学会滴定分析数据的记录与处理方法。

【实验原理】

$$H^+ + OH^- = H_2O$$

强酸与强碱的滴定反应，滴定突跃范围pH值4.3~9.7，在这一范围内可采用甲基橙和酚酞等指示剂来指示反应的终点。

甲基橙指示剂变色范围是pH值3.1~4.4，溶液由黄色变为橙色。酚酞指示剂变色范围是pH值8.0~9.6，溶液由无色变为粉红色，且30s不褪色。

用一定浓度的HCl和NaOH相互滴定，到达终点指示剂变色时，两种溶液所消耗的体积比V_{HCl}/V_{NaOH}不变，与被滴定溶液的体积无关。借此可检验滴定操作技术和判断终点的能力。

【实验试剂】

0.1mol/L HCl溶液、0.1mol/L NaOH溶液、0.1%甲基橙溶液、0.2%酚酞乙醇溶液

【实验内容】

1. 仪器准备

洗净酸式滴定管和碱式滴定管，并检漏，用待装溶液润洗3次，每次用量约5~10 mL。装液至“0”刻线以上，排除管尖的气泡，调整液面至“0.00”刻度或稍下处，静置1min后，读取初始读数，并记录在记录本上。具体操作可参考2.4.1。

洗净移液管，用待装溶液润洗 3 次，备用。具体操作可参考 2.4.2。

洗净容量瓶，检漏，备用。具体操作可参考 2.4.3。

2. 酸碱互滴

(1)由碱式滴定管放出 20 mL NaOH 溶液于 250 mL 锥形瓶中，加入 2 ~ 3 滴甲基橙指示剂，用 HCl 溶液滴定至溶液刚好由黄色变为橙色，即为终点。反复练习至熟练。

(2)由碱式滴定管放出 20.00 mL NaOH 溶液于 250 mL 锥形瓶中，加入 2 ~ 3 滴甲基橙指示剂，用 HCl 溶液滴定至溶液刚好由黄色变为橙色，即为终点，记录读数，平行测定 3 份(颜色一致)。计算 V_{HCl}/V_{NaOH}，要求测定的相对平均偏差在 0.2% 以内。

(3)用移液管移取 20.00 mL HCl 溶液于 250mL 锥形瓶中，加入 2 ~ 3 滴酚酞指示剂，用 NaOH 溶液滴定至微红色，并保持 30s 内不褪色，即为终点，记录读数，平行测定 3 份(颜色一致)。计算 V_{HCl}/V_{NaOH}，要求测定的相对平均偏差在 0.2% 以内。

【数据记录与处理】

(1)HCl 滴定 NaOH(指示剂：甲基橙溶液)：

记录项目	测定次数		
	1	2	3
V_{NaOH}/mL			
HCl 终读数/mL HCl 初读数/mL V_{HCl}/mL			
V_{HCl}/V_{NaOH}			
$\overline{V}_{HCl}/\overline{V}_{NaOH}$			
相对偏差/%			
平均相对偏差/%			

(2) NaOH 滴定 HCl(指示剂：酚酞溶液)：

记录项目	测定次数		
	1	2	3
V_{HCl}/mL			
NaOH 终读数/mL NaOH 初读数/mL V_{NaOH}/mL			
V_{HCl}/V_{NaOH}			
$\overline{V}_{HCl}/\overline{V}_{NaOH}$			
相对偏差/%			
平均相对偏差/%			

【思考题】

(1)配制 NaOH 溶液时，应选用何种天平称取试剂？为什么？

(2)HCl 和 NaOH 溶液能直接配制准确浓度吗？为什么？

(3)在滴定分析实验中，滴定管和移液管为何需用滴定剂和待移取的溶液润洗几次？锥形瓶是否也要用滴定剂润洗？

(4)HCl 溶液和 NaOH 溶液溶液定量反应完全后，生成 NaCl 溶液和 H_2O，为什么用 HCl 溶液滴定 NaOH 溶液时采用甲基橙指示剂，而用 NaOH 溶液滴定 HCl 溶液时使用酚酞或其他合适的指示剂？

(5)如何配制不含CO_3^{2-}的 NaOH 溶液？

【注意事项】

(1)体积读数要读至小数点后两位。

(2)滴定速度不要成流水线。

(3)临近终点时，半滴操作，洗瓶冲洗。

5.2　验证性实验

实验二十四　食用面碱的含量测定

【实验目的】

(1)能熟练使用分析天平，准确快速地取称基准物。

(2)掌握盐酸标准溶液的配制、标定原理与方法。

(3)熟练使用甲基橙指示剂判断滴定终点。

【实验原理】

浓盐酸易挥发，因此不能直接配制成准确浓度的标准溶液，只能先配制近似浓度的溶液，然后用基准物质标定其准确浓度。

标定 HCl 溶液可用基准试剂无水碳酸钠或硼砂。

无水 Na_2CO_3基准物容易获得纯品且价格便宜，但容易吸收空气中水分，使用前必须在 270～300℃下充分干燥，并保存在干燥器中。

$$Na_2CO_3 + 2HCl \longrightarrow H_2CO_3 + 2NaCl$$

该反应是强酸滴定弱碱，化学计量点时溶液 pH 值为 3.89，可选甲基橙作为指示剂，溶液由黄色变为橙色即为滴定终点。由 Na_2CO_3的质量及消耗 HCl 溶液的体积，计算 HCl 溶液的浓度。

$$c_{HCl} = \frac{2m_{Na_2CO_3}}{V_{HCl}M_{Na_2CO_3}}$$

硼砂($Na_2B_4O_7 \cdot 10H_2O$)基准物容易获得纯品，不吸收水分，但当空气湿度较小时，容易失去结晶水，因此需保存在相对湿度为60%的恒湿器中。

$$Na_2B_4O_7 + 2HCl + 5H_2O \xlongequal{\quad} 4H_3BO_3 + 2NaCl$$

该反应也是强酸滴定弱碱，化学计量点时溶液 pH 值为 5.12，可以选甲基红指示剂，溶液由黄色变为浅粉红色即为终点，变色十分敏锐。

家庭食用面碱中往往混有少量 NaCl，而面碱主成分 Na_2CO_3 可与 HCl 反应，从而测定其含量。

【实验试剂】

HCl(体积比为 1∶1，实验室用 A. R 级的浓 HCl 配制)、基准试剂无水 Na_2CO_3(275～280℃下干燥 2h)、0.1%甲基橙溶液、0.2%酚酞乙醇溶液

【实验内容】

1. 0.1mol/L HCl 溶液的配制

计算配制 200mL 0.1mol/L HCl 溶液需要 1∶1 HCl 的体积，然后用移液管移取此量的 HCl 溶液，倒入烧杯中，加去离子水稀释至 200mL，贮于玻璃塞的细口瓶中，充分摇匀，备用。

2. HCl 标准溶液的标定

(1)配制 Na_2CO_3 标准溶液：

在分析天平上用递减称量法称取 1.0g(准确至 0.1mg)无水 Na_2CO_3 1 份，置于 100mL 烧杯中，加入新鲜去离子水 20～30mL 溶解，转入 200mL 容量瓶中，用水稀释至刻度，摇匀，备用。

(2)标定 HCl 标准溶液：

移取上述标准溶液 20.00mL 于 250mL 锥形瓶中，加入 1～2 滴甲基橙指示剂，用 HCl 溶液滴定溶液刚好由黄色变为橙色时，即为终点，记录消耗 HCl 溶液的体积，计算 HCl 溶液的浓度。平行测定 3 次，要求 3 份测定值的相对平均偏差应小于 0.2%，否则应重复测定。

3. 面碱含量的测定

在分析天平上用递减称量法称取 0.2g(准确至 0.1mg)面碱 3 份，分别置于 250mL 锥形瓶中，加入新鲜去离子水 20～30mL 溶解，分别加入 1～2 滴甲基橙指示剂，用 HCl 标准溶液滴定溶液刚好由黄色变为橙色时，即为终点，记录消耗 HCl 溶液的体积，平行测定 3 次，计算面碱的含量。

【数据记录与处理】

(1) HCl 标准溶液的标定：

编号 实验项目	1	2	3
倾出前(称量瓶＋试样)质量/g			
倾出后(称量瓶＋试样)质量/g			
无水 Na_2CO_3 质量/g			

续表

实验项目 \ 编号	1	2	3
HCl 溶液终读数/mL HCl 溶液初读数/mL 消耗 HCl 溶液的体积/mL			
HCl 标准溶液的浓度/(mol/L)			
浓度平均值/(mol/L)			
相对偏差/%			
相对平均偏差/%			

(2) 面碱含量的测定:

实验项目 \ 编号	1	2	3
倾出前(称量瓶 + 试样)质量/g			
倾出后(称量瓶 + 试样)质量/g			
面碱质量/g			
HCl 溶液终读数/mL HCl 溶液初读数/mL 消耗 HCl 溶液的体积/mL			
面碱含量/%			
相对偏差/%			
相对平均偏差/%			

(3)计算公式如下:

$$Na_2CO_3\ 含量 = \frac{\frac{1}{2}c(HCl)\cdot V(HCl)\cdot M(Na_2CO_3)}{m(Na_2CO_3)\times\frac{20}{200}}\times 100\%$$

【思考题】

(1)溶解 Na_2CO_3所用的去离子水，用什么容器量取？为什么？

(2)在用 Na_2CO_3作基准物标定 HCl 溶液时，为什么指示剂选用甲基橙而不用酚酞呢？

【注意事项】

(1)试剂瓶应贴上标签，注明试剂名称、配制日期、使用者姓名，并留一空位以备填入溶液的准确浓度。

(2)盛放面碱的 3 个锥形瓶应一一编号，以免混淆。

实验二十五　铵盐中含氮量的测定(甲醛法)

【实验目的】

(1)了解酸碱滴定法的应用。

(2)掌握甲醛法测定铵盐中氮含量的原理和方法。

【实验原理】

铵盐如$(NH_4)_2SO_4$是常用的氮肥之一。由于离子酸NH_4^+的酸性太弱($K_a^\theta = 5.6 \times 10^{-10}$),因此无法直接滴定。一般可用两种方法间接测定其含量。

(1)蒸馏法

在试样中加入过量的碱,加热,把NH_3蒸馏出来,吸收于过量的酸标准溶液中,然后用碱标准溶液返滴定过量的酸,求出试样的含氮量。也可以把蒸馏出的NH_3用硼酸吸收,然后用酸标准溶液直接滴定。蒸馏法虽然较准确,但比较麻烦和费时。

(2)甲醛法

铵盐与甲醛反应,生成六次甲基四胺酸($K_a^\theta = 7.1 \times 10^{-6}$)和定量的强酸,其反应如下:

$$4NH_4^+ + 6HCHO \xlongequal{} (CH_2)_6N_4H^+ + 6H_2O + 3H^+$$

用 NaOH 标准溶液直接滴定,终点时溶液呈弱碱性,可用酚酞溶液作指示剂。

从反应方程式可知,4mol NH_4^+离子与甲醛反应,生成3mol H^+(强酸)和1mol 六次甲基四胺酸离子,即:1mol NH_4^+ 相当于1mol H^+。若 NH_4^+ 的含量以 NH_3 质量分数来表示,测定结果计算式为:

$$\omega_{NH_3} = \frac{c_{NaOH} V_{NaOH} \cdot M_{NH_3}}{m_{铵盐}} \times 100\%$$

甲醛法准确度较差,但比较快速,在生产过程中应用较多。试样中若含有Fe^{3+}离子,影响终点的观察,可改用蒸馏法。本方法也可以用于测定有机酸中的氮,但需预先将它转化为铵盐后再进行测定。

【实验试剂】

固体药品:铵盐试样、NaOH(固体,A. R 级)、基准试剂$KHC_8H_4O_4$(105~110℃下干燥1h)

液体药品:0.1mol/L NaOH 溶液、40%甲醛溶液、0.2%酚酞乙醇溶液

【实验内容】

1. 0.1mol/L NaOH 溶液配制

计算配制200mL 0.1mol/L NaOH 溶液所需固体 NaOH 的质量,然后用烧杯在托盘天平称取此量的 NaOH,加去离子水稀释至200mL,充分摇匀,备用。

2. NaOH 溶液的标定

称取基准物0.1g 3 份,分别置入250mL 锥形瓶中,加入25mL 水溶解,加2~3 滴酚

酞指示剂，然后用配制好的 NaOH 溶液滴定至溶液刚好由无色变为粉红色，并保持 30s 不褪色，即为滴定终点，记录消耗 NaOH 溶液的体积，计算 NaOH 溶液的浓度。平行测定 3 次，要求 3 份测定值的相对平均偏差应小于 0.2%，否则应重复测定。

3. 测定氨含量

在分析天平上用递减称量法称取 0.3 ~ 0.4 g（准确至 0.1mg）铵盐 3 份，分别置于 250mL 的锥形瓶中，加入新鲜去离子水 20 ~ 30mL，完全溶解后，加入 5mL40% 甲醛溶液，摇匀，再加 1 ~ 2 滴酚酞指示剂。

用上述 NaOH 标准溶液分别滴定每份试样溶液，当溶液刚好由无色变为粉红色，并保持 30s 不褪色，即为滴定终点，记录每份溶液消耗 NaOH 标准溶液的体积。根据 NaOH 标准溶液的浓度和消耗的体积，计算铵盐中氮的含量。

【数据记录与处理】

1. NaOH 标准溶液的标定

编号 实验项目	1	2	3
倾出前（称量瓶 + 试样）质量/g			
倾出后（称量瓶 + 试样）质量/g			
邻苯二甲酸氢钾质量/g			
NaOH 溶液终读数/mL NaOH 溶液初读数/mL 消耗 NaOH 溶液的体积/mL			
NaOH 溶液浓度/（mol/L）			
NaOH 溶液平均浓度/（mol/L）			
相对偏差/%			
相对平均偏差/%			

2. 氨含量的测定

编号 实验项目	1	2	3
倾出前（称量瓶 + 试样）质量/g			
倾出后（称量瓶 + 试样）质量/g			
铵盐质量/g			
NaOH 溶液终读数/mL NaOH 溶液初读数/mL 消耗 NaOH 溶液的体积/mL			

续表

编号 实验项目	1	2	3
铵盐含量/%			
铵盐平均含量/%			
相对偏差/%			
相对平均偏差/%			

【思考题】

(1)本实验中加入甲醛溶液的作用是什么？为什么加入的甲醛溶液预先要用 NaOH 溶液中和，并以酚酞为指示剂？

(2)试样中若含 Fe^{3+} 离子，对测定有何影响？

(3)若试样为 NH_4NO_3、NH_4Cl 或 NH_4HCO_3，是否都可以用本法测定？为什么？

(4)如何测定铵盐试样中总氮量？

实验二十六　EDTA 溶液的配制及标定

【实验目的】

(1)掌握配位滴定法基本原理。

(2)学会 EDTA 标准溶液的配制和标定。

(3)熟悉金属指示剂铬黑 T 变色原理及滴定终点的判断。

【实验原理】

EDTA 常用 H_4Y 表示，是一种氨羧络合剂，能与大多数金属离子形成稳定的 1:1 型螯合物，但溶解度较小，22℃在 100mL 水中仅溶解 0.02g，通常使用其二钠盐配制络合滴定法的标准溶液。乙二胺四乙酸二钠盐($Na_2H_2Y \cdot 2H_2Y$)也简称为 EDTA，22℃在 100 mL 水中可溶解 11.1 g，约为 0.3mol/L，其溶液 pH 值约为 4.4。

市售的 EDTA 含水约 0.3% ~0.5%，且含有少量杂质，因此不能直接配制成准确浓度的标准溶液，只能先配制近似浓度的溶液，然后用基准物质标定其准确浓度。

标定 EDTA 溶液常采用金属 Zn、Cu、Pb、Bi、金属氧化物及盐类 $CaCO_3$、$MgSO_4 \cdot 7H_2O$、$Zn(Ac)_2 \cdot 3H_2O$ 等为基准物质，并且通常选用其中与被测物组分相同的物质作为基准物，这样标定条件与测定条件尽量一致，如测定水的硬度及石灰石中 CaO、MgO 含量时宜用 $CaCO_3$ 或 $MgSO_4 \cdot 7H_2O$ 作为基准物。络合滴定中所用纯水应不含 Fe^{3+}、Al^{3+}、Cu^{2+}、Ca^{2+} 等杂质离子，通常采用去离子水或二次蒸馏水，其规格应高于三级水。

用 $CaCO_3$ 标定 EDTA 时，选用铬黑 T 指示剂，以 NH_3-NH_4Cl 缓冲溶液控制溶液 pH

值为10，用EDTA溶液滴定溶液刚好由酒红色变为纯蓝色即为终点。由$CaCO_3$的质量及消耗EDTA的体积，计算EDTA溶液的浓度。

$$c_{EDTA}=\frac{m_{CaCO_3}}{V_{EDTA}M_{CaCO_3}}$$

用Zn标定EDTA时，选用二甲酚橙(XO)作指示剂，以盐酸－六亚甲基四胺控制溶液pH值为5～6。用EDTA溶液滴定溶液刚好由紫红色变为亮黄色即为终点。

【实验试剂】

固体药品：乙二胺四乙酸二钠、$CaCO_3$(优级纯)、$ZnSO_4 \cdot 7H_2O$(优级纯)。

液体药品：HCl溶液(1∶1)、1mol/L NaOH溶液、0.02mol/L Mg－EDTA、氨水(1:2)、NH_3-NH_4Cl缓冲溶液、200 g/L六亚甲基四胺溶液、2g/L二甲酚橙水溶液、0.5%铬黑T指示剂、甲基红指示剂。

【实验内容】

1. 0.02mol/L EDTA溶液的配制

称取4.0 g乙二胺四乙酸二钠($Na_2H_2Y \cdot 2H_2O$)于250mL烧杯中，加蒸馏水温热使其溶解完全，稀释至500mL，转入至聚乙烯瓶中，摇匀。

2. 以$CaCO_3$为基准物标定EDTA

(1)0.02mol/L钙标准溶液的配制：

准确称取120℃干燥过的$CaCO_3$ 0.4g(准确至0.1mg)，置于250mL烧杯中，用少量水润湿，盖上表面皿，慢慢滴加1∶1 HCl使其溶解，待冷却后，定量转移至200mL容量瓶中，用水稀释至刻度，摇匀，计算其准确浓度。

(2)EDTA标准溶液浓度的标定：

移取20.00mL钙标准溶液于250mL锥形瓶中，加1滴甲基红指示剂，用氨水中和溶液至稳定的黄色，再补加20mL水、5mL Mg－EDTA、10mL NH_3-NH_4Cl缓冲溶液、3滴铬黑T指示剂，摇匀后，用EDTA溶液滴定至溶液刚好由酒红色变为纯蓝色，即为终点。平行测定3次，计算EDTA标准溶液浓度，其相对平均偏差不大于0.2%。

3. 以$ZnSO_4 \cdot 7H_2O$为基准物标定EDTA

(1)0.02mol/L Zn^{2+}标准溶液的配制：

准确称取$ZnSO_4 \cdot 7H_2O$ 1.44g于250mL烧杯中，加100mL水使其溶解后，定量转移至250mL容量瓶中，加水稀释至刻度，摇匀，计算其准确浓度。

(2)EDTA溶液浓度的标定：

用移液管移取25.00mL锌标准溶液于250mL的锥形瓶，加入约30mL水、2滴二甲酚橙指示剂，摇匀后，先加1∶1的氨水至溶液由黄色刚变橙色，然后滴加20%六次甲基四胺至溶液呈稳定的紫红色后，再多加3mL。用EDTA溶液滴定到溶液由紫红色变为亮黄色，即为终点，记录消耗EDTA溶液的体积。平行测定3次，要求消耗体积的极差小于0.05mL。根据$ZnSO_4 \cdot 7H_2O$的质量和消耗EDTA溶液的体积，计算EDTA标准溶液的准确浓度。

【数据记录与处理】

以 $CaCO_3$ 为基准物标定 EDTA 溶液

编号 实验项目	1	2	3
倾出前(称量瓶+基准物)质量/g			
倾出后(称量瓶+基准物)质量/g			
取出基准物的质量/g			
移取基准液的体积/mL			
EDTA 溶液 终读数/mL EDTA 溶液 初读数/mL 消耗 EDTA 溶液体积/mL			
EDTA 溶液的浓度/(mol/L)			
EDTA 溶液的平均浓度/(mol/L)			
相对平均偏差/%			

【思考题】

(1)用 $CaCO_3$ 作为基准物，选择钙指示剂标定 EDTA 浓度时，溶液的酸度应控制在多大？为什么？如何控制？

(2)络合滴定法与酸碱滴定法相比，有哪些不同点？操作中应注意哪些问题？

【注意事项】

EDTA 溶液应当贮存于聚乙烯瓶或硬质玻璃瓶中，若贮存于软质玻璃瓶中，会不断溶解玻璃瓶中的 Ca^{2+} 形成 CaY^{2-}，使 EDTA 浓度不断降低。

实验二十七　自来水硬度的测定

【实验目的】

(1)掌握配位滴定法测定水硬度的原理和方法。

(2)了解水硬度的测定意义和常用的硬度表示法。

【实验原理】

通常把含有较多钙盐和镁盐的水称为硬水。测定水硬度就是测定水中 Ca^{2+}、Mg^{2+} 的含量，最广泛使用的测定方法是以 EDTA 为滴定剂的配位滴定法。

在 pH ≈10 氨性缓冲溶液条件下，以铬黑 T 为指示剂，用 EDTA 标准溶液滴定自来水溶液，可以测定 Ca^{2+} 和 Mg^{2+} 的总量，也称水的总硬度。

铬黑 T 与 Ca^{2+}、Mg^{2+} 形成酒红色配合物，且配合物稳定性为 CaY^{2-} > MgY^{2-} > MgHIn > CaHIn，铬黑 T 与 Mg^{2+} 显色敏锐。使用铬黑 T 为指示剂最适宜的酸度范围应是 pH 值 9~10.5。

滴定时，铬黑 T 与 Mg^{2+} 首先结合使溶液呈紫红色，随着 EDTA 溶液的加入，溶液中

Ca^{2+}、Mg^{2+}与 EDTA 反应，终点附近 EDTA 夺取与铬黑 T 结合的金属离子，释放出指示剂，从而溶液的颜色由酒红色变为纯蓝色。

滴定时，Fe^{3+}、Al^{3+}等干扰离子可用三乙醇胺及酒石酸钾钠予以掩蔽；Cu^{2+}、Pb^{2+}、Zn^{2+}等重属离子，可用 KCN、Na_2S 或巯基乙酸予以掩蔽。

当以钙指示剂作为指示剂，在 pH≥12 时，Mg^{2+}生成 $Mg(OH)_2$沉淀而被掩蔽。然后用 EDTA 标准溶液滴定到溶液由酒红色变为蓝色即为终点，由此可测得 Ca^{2+}的含量，也称钙硬度。用总硬度减去钙硬度可以得到镁硬度。

水的总硬度包括暂时硬度和永久硬度。在水中以碳酸盐及酸式碳酸盐形式存在的钙、镁盐，加热能被分解，析出沉淀而除去，这类盐所形成的硬度称为暂时硬度。而钙、镁的硫酸盐或氯化物等所形成的硬度加热不能除去，称为永久硬度。

水硬度表示方法有多种。德国硬度(°d)是每度相当于 1L 水中含有 10mg CaO；法国硬度(°f)是每度相当于 1L 水中含有 10mg $CaCO_3$；英国硬度(°e)是每度相当于 0.7L 水中含有 10mg $CaCO_3$；美国硬度是每度等于法国硬度的十分之一。目前我国通常以含 $CaCO_3$的质量浓度 ρ 表示硬度，单位取 mg/L。本实验硬度的计算为：

$$\rho = \frac{c_{EDTA} V_{EDTA} \times M_{CaCO_3}}{V_{水样}} \times 10^3$$

【实验试剂】

固体药品：碳酸钙、钙指示剂。

液体药品：0.02mol/L EDTA 标准溶液、10% NaOH 溶液、NH_3-NH_4Cl 缓冲溶液、盐酸(1:1)、铬黑 T、三乙醇胺(1:2)、自来水样。

【实验内容】

1. EDTA 标准溶液的标定

参见实验二十六。

2. 总硬度的测定

用 100mL 容量瓶准确量取澄清的自来水试样 100 mL，倒入 250mL 锥形瓶中，加入 1~2滴1:1 HCl 使之酸化，并煮沸数分钟除去 CO_2，冷却后加入 3mL 三乙醇胺溶液，2mL 氨缓冲溶液和 2~3 滴铬黑 T 指示剂，摇匀。用 EDTA 标准溶液滴定至溶液刚好由酒红色变为纯蓝色即为终点，记录消耗 EDTA 溶液体积，平行测定 3 次。根据 EDTA 标准溶液浓度和消耗的体积，计算水的总硬度。

3. 钙硬度的测定

用 100mL 容量瓶准确量取澄清的自来水试样 100 mL，倒入 250mL 的锥形瓶中，加入 4mL 10% NaOH 溶液，摇匀。再加入少量钙指示剂(绿豆大小)，摇匀。然后用 EDTA 标准溶液滴定至溶液刚好由酒红色变为纯蓝色即为终点，记录消耗 EDTA 溶液的体积，平行测定 3 次。根据 EDTA 标准溶液浓度和消耗的体积，计算水的钙硬度。

4. 镁硬度的测定

总硬度减去钙硬度即得镁硬度。

【数据记录与处理】

编号 实验项目	1	2	3
水样体积/mL			
总钙耗 EDTA 标液终读数/mL 总钙耗 EDTA 标液初读数/mL 总钙耗 EDTA 标液/mL			
水总硬度/(mg/L)			
平均值/(mg/L)			
相对偏差/%			
钙耗 EDTA 标液终读数/mL 钙耗 EDTA 标液初读数/mL 钙耗 EDTA 标液/mL			
钙硬度/(mg/L)			
平均值/(mg/L)			
相对偏差/%			

【思考题】

(1)测定水的总硬度时，为什么要控制溶液的 pH 值为 10?

(2)测定水的硬度时，哪些离子的存在会干扰测定？如何消除干扰？

【注意事项】

(1)若水样中含锰量超过 1mg/L，在碱性溶液中易氧化成高价，使指示剂变为灰白或浑浊的玫瑰色。此时可在水样中加入 0.5 ~2mL 10g/L 的盐酸羟胺还原高价锰，以消除干扰。

(2)使用三乙醇胺掩蔽 Fe^{3+}、Al^{3+} 时，须在 pH <4 的介质中加入，摇动后再调节溶液 pH 值至滴定酸度。若水样含铁量超过 10mg/L 时，掩蔽有困难，需要用纯水稀释到 Fe^{3+} 含量不超过 7mg/L。

(3)滴定时因反应速度较慢，在接近滴定终点时，标准溶液应慢慢加入，并充分摇动；因在氨性缓冲溶液中，当 $Ca(HCO_3)_2$ 含量高时，可慢慢析出 $CaCO_3$ 沉淀使终点拖后，变色不敏锐。因此在滴定前应将溶液酸化，即加入 1 ~2 滴 1∶1 HCl 溶液，煮沸以除去 CO_2。但 HCl 溶液不宜多加，否则会影响滴定时溶液的 pH 值。

实验二十八　铅、铋混合液中铅、铋含量的连续测定

【实验目的】

(1)进一步熟练滴定操作和滴定终点的判断。

(2)掌握利用控制酸度连续滴定两种金属离子的配位滴定原理和方法。

(3)学会利用缓冲作用调整溶液酸度的方法。

【实验原理】

Bi^{3+}、Pb^{2+}均能与EDTA形成稳定的络合物，其lg$K$值分别为27.94和18.04，两者稳定性相差很大，$\Delta \lg K = 9.90 > 6$。因此，可以用控制酸度的方法在一份试液中连续滴定Bi^{3+}和Pb^{2+}。在测定中，均以二甲酚橙（XO）作指示剂，XO在pH < 6时呈亮黄色，在pH > 6.3时呈红色；而它与Bi^{3+}、Pb^{2+}所形成的络合物呈紫红色，它们的稳定性与Bi^{3+}、Pb^{2+}和EDTA所形成的络合物相比要低。

测定时，先用HNO_3调节溶液pH值为1.0，用EDTA标准溶液滴定溶液由紫红色突变为亮黄色，即为滴定Bi^{3+}的终点。然后加入六次甲基四胺铵溶液，使溶液pH值为5~6，此时Pb^{2+}与XO形成紫红色络合物，继续用EDTA标准溶液滴定至溶液由紫红色突变为亮黄色，即为滴定Pb^{2+}的终点。

【实验试剂】

0.02mol/L EDTA标准溶液、0.10mol/L HNO_3溶液、200g/L六次甲基四胺溶液、$Bi^{3+}-Pb^{2+}$混合液（含Bi^{3+}、Pb^{2+}各约为0.010mol/L，含HNO_3 0.15mol/L）、2g/L二甲酚橙水溶液。

【实验内容】

1. EDTA标准溶液的标定

参见实验二十六。

2. 混合物含量测定

用移液管移取25.00mL Bi^{3+}、Pb^{2+}混合试液于250mL锥形瓶中，加入10mL 0.10mol/L HNO_3、2滴二甲酚橙指示剂，用EDTA标准溶液滴定溶液由紫红色突变为亮黄色，即为终点，记录消耗溶液体积，记为V_1（mL），然后加入10mL 200g/L六次甲基四胺溶液，溶液变为紫红色，再过量加入5mL，继续用EDTA标准溶液滴定溶液由紫红色突变为亮黄色，即为终点，记录消耗溶液体积，记为V_2（mL）。平行测定3份，计算混合试液中Bi^{3+}和Pb^{2+}的含量（mol/L）。

【数据记录与处理】

编号 / 实验项目	1	2	3
混合液体积/mL	20.00	20.00	20.00
滴定初始读数/mL			
第一终点读数/mL			
第二终点读数/mL			
V_1/mL			
V_2/mL			
$\overline{V}_1$/mL			
$\overline{V}_2$/mL			
C_{Bi}/(mol/L)			
C_{Pb}/(mol/L)			

【思考题】

(1)滴定 Pb^{2+}、Bi^{3+}时溶液酸度各控制在什么范围？为什么？

(2)能否在同一份试液中先滴定 Pb^{2+}，后滴定 Bi^{3+}？

【注意事项】

Bi^{3+}易水解，开始配制混合液时，所含 HNO_3 浓度较高，临使用前加水样稀释至 0.15mol/L 左右。

实验二十九　$KMnO_4$溶液的配制和标定

【实验目的】

(1)学习 $KMnO_4$标准溶液的配制和保存条件。

(2)掌握用 $Na_2C_2O_4$作为基准物质标定 $KMnO_4$溶液的原理、方法及滴定条件。

【实验原理】

市售 $KMnO_4$试剂常含有少量 MnO_2和其他杂质，蒸馏水中也会含有少量有机物质，它们能使 $KMnO_4$还原为 $MnO(OH)_2$，而 $MnO(OH)_2$又能促进 $KMnO_4$分解，见光时分解得更快。

$$2\,MnO_4^- + 2\,H_2O \xlongequal{} 4\,MnO_2 + 3\,O_2 + 4\,OH^-$$

因此，$KMnO_4$溶液的浓度容易改变，必须正确地配制和保存，如果长期使用，必须定期进行标定。

标定 $KMnO_4$溶液的基准物质有 As_2O_3、铁丝、$H_2C_2O_4 \cdot 2H_2O$ 和 $Na_2C_2O_4$等，其中以 $Na_2C_2O_4$最为常用。$Na_2C_2O_4$易制得纯品，不易吸湿，性质稳定。在酸性条件下，用 $Na_2C_2O_4$标定 $KMnO_4$溶液的反应为：

$$2\,MnO_4^- + 5\,C_2O_4^{2-} + 16\,H^+ \xlongequal{} 2\,Mn^{2+} + 10\,CO_2\uparrow + 8\,H_2O$$

滴定时 $KMnO_4$本身作为指示剂，溶液刚好由无色变为微红色即为终点。根据 $Na_2C_2O_4$的质量和 $KMnO_4$溶液消耗的体积，计算出 $KMnO_4$溶液的浓度：

$$c_{KMnO_4} = \frac{2}{5} \cdot \frac{m_{Na_2C_2O_4}}{V_{KMnO_4} M_{Na_2C_2O_4}}$$

滴定时应注意以下几点：

(1)温度。上述反应在室温下进行较慢，常需将溶液加热到 75 ~ 80℃，并趁热滴定，滴定完毕时溶液的温度不应低于 60℃。但加热温度不能过高，若高于 90℃，$H_2C_2O_4$溶液会发生分解。

(2)酸度。该反应需在酸性介质中进行，并以 H_2SO_4溶液调节酸度，不能用 HCl 溶液或 HNO_3溶液调节，因 Cl^-有还原性，能与MnO_4^-溶液反应；HNO_3溶液有氧化性，能与被滴定的还原性物质反应，为使反应定量进行，溶液酸度一般控制在 0.5 ~ 1.0mol/L 范围内。

(3)滴定速度。该反应为自动催化反应，反应过程中生成的 Mn^{2+} 离子具有催化作用。因此滴定开始时的速度不宜太快，应逐滴加入，待到第 1 滴 $KMnO_4$溶液颜色褪去后，再加入第 2 滴。否则酸性热溶液中MnO_4^-来不及与$C_2O_4^{2-}$反应而分解，导致结果偏低。

(4)滴定终点。当反应到达化学计量点附近时，滴加 1 滴 $KMnO_4$溶液后，锥形瓶中溶液呈稳定的微红色且 30s 不褪色即为终点。若在空气中放置一段时间后，溶液颜色消失，不必再加入 $KMnO_4$溶液，这是因为 $KMnO_4$溶液与空气中还原性物质反应造成的。

【实验试剂】

固体药品：$KMnO_4$(分析纯)、$Na_2C_2O_4$(分析纯)。

液体药品：3mol/L H_2SO_4溶液 。

【实验内容】

1. 0. 02mol/L $KMnO_4$溶液的配制

在台秤上称取 1. 6g $KMnO_4$固体溶于 500mL 水中，盖上表面皿，加热至沸并保持微沸状态 1h，冷却后于室温下放置 2 ~3 天后，用微孔玻璃漏斗或玻璃棉过滤，滤液贮于清洁带塞的棕色瓶中备用。

2. $KMnO_4$标准溶液的标定

准确称取 0. 1g(准确至 0. 1mg)$Na_2C_2O_4$固体 3 份，置于 250mL 锥形瓶中，加 20mL 水溶解，加热至 70 ~80℃(即开始冒蒸气时的温度)，加入 10mL 3mol/L H_2SO_4溶液，趁热用 $KMnO_4$溶液进行滴定，待到第 1 滴 $KMnO_4$溶液颜色褪去后，再加入第 2 滴，滴定进行一定时间后，可适当加快滴定的速度，直至滴定的溶液呈微红色，30s 不褪色即为终点，记录所消耗 $KMnO_4$溶液的体积。平行测定 3 份，计算 $KMnO_4$溶液的浓度，其相对平均偏差不大于 0. 2% 。

【数据记录及处理】

编号 实验项目	1	2	3
倾出前(称量瓶 + 试样)质量/g			
倾出后(称量瓶 + 试样)质量/g			
无水 $Na_2C_2O_4$ 质量/g			
$KMnO_4$ 溶液终读数/mL $KMnO_4$ 溶液初读数/mL $KMnO_4$ 溶液的体积/mL			
$KMnO_4$ 标准溶液的浓度/(mol/L)			
浓度平均值/(mol/L)			
相对偏差/%			
相对平均偏差/%			

【思考题】

(1)配制 $KMnO_4$标准溶液时，为什么要将 $KMnO_4$溶液煮沸一定时间并放置数天？配好的 $KMnO_4$溶液为什么要过滤后才能保存？过滤时是否可以用滤纸？

(2)配制好的 $KMnO_4$溶液为什么要盛放在棕色瓶中保存？如果没有棕色瓶怎么办？

(3)在滴定时，$KMnO_4$溶液为什么要放在酸式滴定管中？

(4)盛放 $KMnO_4$溶液的烧杯或锥形瓶等容器放置较久后，其壁上常有棕色沉淀物，是什么物质？此棕色沉淀物用通常方法不容易洗净，应怎样洗涤才能除去此棕色沉淀物？

【注意事项】

$KMnO_4$颜色较深，液面的弯月面下沿不易看出，读数时应以液面的上沿最高线为准。

实验三十　过氧化氢含量的测定

【实验目的】

(1)掌握高锰酸钾法测定过氧化氢的方法和原理。

(2)掌握滴定终点的判断。

【实验原理】

市售的双氧水是含 30% 或 3% 的过氧化氢水溶液。过氧化氢具有还原性，在酸性个质中和室温条件下能被高锰酸钾定量氧化，其反应方程式为：

$$2MnO_4^- + 5H_2O_2 + 6H^+ \xlongequal{} 2Mn^{2+} + 5O_2\uparrow + 8H_2O$$

该反应在开始时滴定速度不宜太快，应逐滴加入，随着 Mn^{2+} 的生成而加速，因此，滴定时通常加入 Mn^{2+} 作催化剂。通常待到第 1 滴 $KMnO_4$溶液颜色褪去后，再加入第 2 滴。当反应到达化学计量点附近时，滴加 1 滴 $KMnO_4$溶液使溶液呈稳定的微红色且 30s 不褪色即为终点。双氧水中 H_2O_2的含量(g/mL)计算式为：

$$\rho_{H_2O_2} = \frac{\frac{5}{2}c_{KMnO_4}V_{KMnO_4}M_{H_2O_2}}{20.00} \times 100$$

【实验试剂】

0.02mol/L $KMnO_4$溶液、3mol/L H_2SO_4溶液、1mol/L$MnSO_4$溶液、H_2O_2试样(质量分数约为 30%)

【实验内容】

1. $KMnO_4$标准溶液浓度的标定

参见实验二十九。

2. H_2O_2含量的测定

用移液管移取 H_2O_2试样溶液 2.00mL，置于 200mL 容量瓶中，加水稀释至刻度，充分摇匀，备用。用移液管移取稀释过的 H_2O_2溶液 20.00mL 于 250mL 锥形瓶中，加入 3mol/L H_2SO_4溶液 5mL 和 1mol/L $MnSO_4$溶液 5 滴，用 $KMnO_4$标准溶液滴定到溶液呈微红色且30s不褪即为终点。平行测定3次，计算试样中H_2O_2的质量浓度(g/mL)和相对平均偏差。

【数据记录与处理】

实验项目＼编号	1	2	3
$KMnO_4$标准溶液浓度/(mol/L)			
H_2O_2试样溶液体积/mL	2.00	2.00	2.00
$KMnO_4$溶液滴定终点读数/mL $KMnO_4$溶液滴定初始读数/mL $KMnO_4$溶液消耗体积/mL			
$KMnO_4$溶液消耗平均体积/mL			
H_2O_2浓度/(g/mL)			
相对平均偏差/%			

【思考题】

(1)用$KMnO_4$法测定双氧水中H_2O_2的含量时，能否用HNO_3、HCl和HAc控制酸度，为什么？

(2)H_2O_2含量测定除用$KMnO_4$法外，还可用碘量法测定。试写出用碘量法测定的有关方程式及H_2O_2含量的计算公式？

【注意事项】

H_2O_2试样若是工业产品，用高锰酸钾法测定不合适，因为产品中常加有少量乙酰苯胺等有机化合物作稳定剂，滴定时也将被$KMnO_4$氧化，引起误差。此时应用采用碘量法或硫酸铈法进行测定。

实验三十一　I_2和$Na_2S_2O_3$溶液的配制和浓度标定

【实验目的】

(1)掌握I_2和$Na_2S_2O_3$溶液的配制方法和保存条件。

(2)学习标定I_2和$Na_2S_2O_3$溶液浓度的原理和方法。

(3)掌握直接碘量法和间接碘量法的滴定条件。

【实验原理】

碘量法主要使用I_2和$Na_2S_2O_3$两种标准溶液。

1. I_2标准溶液的配制和标定

用升华法可以制得纯度很高的I_2，可作为基准物质直接配制标准溶液。但常用的市售I_2试剂纯度不高，需先配成近似浓度，然后再进行标定。

I_2微溶于水而易溶于KI溶液中，但在稀的KI溶液中溶解得很慢，故配制时应先在较浓的 KI 溶液中进行，待溶解完全后再稀释到所需浓度。

I_2溶液可以用 As_2O_3 为基准物质进行标定，但 As_2O_3（俗称砒霜）有剧毒，故常用 $Na_2S_2O_3$标准溶液进行标定。

2. $Na_2S_2O_3$标准溶液的配制和标定

固体试剂 $Na_2S_2O_3 \cdot 5H_2O$ 通常含有一些杂质，且易风化和分解，因此，$Na_2S_2O_3$标准溶液采用标定法配制。

$Na_2S_2O_3$溶液不够稳定，容易分解，水中的 CO_2、细菌和光照都能使其分解。故配制 $Na_2S_2O_3$溶液时，最好采用新煮沸并冷却的去离子水，以除去水中的 CO_2和 O_2并杀死细菌；加入少量 Na_2CO_3使溶液呈弱碱性，抑制 $Na_2S_2O_3$的分解和细菌的生长；贮于棕色瓶中，放置几天后再进行标定。长期使用的溶液应定期标定。

通常采用 $K_2Cr_2O_7$作为基准物，以淀粉为指示剂，用间接碘量法标定 $Na_2S_2O_3$溶液。因为 $K_2Cr_2O_7$与 $Na_2S_2O_3$的反应产物有多种，不能按确定的反应方程式进行，故不能用 $K_2Cr_2O_7$直接标定 $Na_2S_2O_3$，而应先使 $K_2Cr_2O_7$与过量的 KI 反应，析出与 $K_2Cr_2O_7$计量相当的 I_2，再用 $Na_2S_2O_3$溶液滴定 I_2，反应方程式如下：

$$Cr_2O_7^{2-} + 6I^- + 14H^+ \xlongequal{} 2Cr^{3+} + 3I_2 + 7H_2O$$

$$2S_2O_3^{2-} + I_2 \xlongequal{} 2I_2 + S_4O_6^{2-}$$

【实验试剂】

固体药品：I_2(分析纯)、KI、$Na_2S_2O_3 \cdot 5H_2O$、Na_2CO_3。

液体药品：$K_2Cr_2O_7$标准溶液、100g/L KI 溶液(使用前配制)、5% 淀粉指示剂、6mol/L HCl 溶液。

【实验内容】

1. 0.05mol/LI_2溶液配制

在台秤上称取 6.5gI_2和 20g KI 置于小烧杯中，加入少许去离子水，搅拌至 I_2全部溶解，加水稀释至 500mL，转入棕色瓶中，摇匀后放置过夜再标定。

2. 0.1mol/L $Na_2S_2O_3$溶液配制

在台秤上称取 12.5g $Na_2S_2O_3 \cdot 5H_2O$ 置于小烧杯中，加入新煮沸已冷却的去离子水 500mL，摇匀后转入棕色瓶中，暗处放置一周后再标定。

3. 0.1mol/L $Na_2S_2O_3$溶液浓度的标定

在分析天平上准确称取 $K_2Cr_2O_7$基准物 0.6～0.9g(精确 0.1mg)于小烧杯中，加 30mL 去离子水溶解后，定量转移到 250mL 容量瓶中，稀释至刻度，摇匀。用 25mL 移液管移取稀释液于 250mL 洁净的锥形瓶中，加入 20mL 100g/L KI 溶液和 5mL 6.0mol/L HCl 溶液，摇匀后盖上表面皿，在暗处放置 5min。然后加 50mL 去离子水稀释，用 $Na_2S_2O_3$溶液滴定至溶液为浅黄色时，加入 1mL 淀粉溶液，继续用 $Na_2S_2O_3$溶液滴定到蓝色褪去即为终点，记录消耗 $Na_2S_2O_3$溶液的体积，平行测定 3 次，极差应小于 0.05mL。根据 $K_2Cr_2O_7$质量和消耗 $Na_2S_2O_3$溶液的体积，计算 $Na_2S_2O_3$标准溶液的浓度。

4. 0. 05mol/L I_2溶液浓度的标定

用移液管移取 $Na_2S_2O_3$标准溶液 25. 00mL 于 250mL 洁净的锥形瓶中，加入 20 ~ 30mL 的去离子水和 1mL 淀粉溶液，用 I_2标准溶液滴定至溶液呈蓝色且 30s 不褪色即为终点，记录消耗 I_2溶液的体积，平行测定 3 次，极差应小于 0. 05mL。根据 $Na_2S_2O_3$标准溶液的浓度和消耗 I_2溶液的体积，计算 I_2标准溶液的浓度。

【数据记录及处理】

$Na_2S_2O_3$ 溶液的标定

编号 / 实验项目	1	2	3
$K_2Cr_2O_7$ 质量/g			
$K_2Cr_2O_7$ 浓度/(mol/L)			
$K_2Cr_2O_7$ 体积/mL			
$Na_2S_2O_3$ 终读数/mL $Na_2S_2O_3$ 初读数/mL $V_{Na_2S_2O_3}$/mL			
$c_{Na_2S_2O_3}$/(mol/L)			
$\bar{c}_{Na_2S_2O_3}$/(mol/L)			
平均偏差/%			
相对平均偏差/%			

I_2 溶液的标定

编号 / 实验项目	1	2	3
$c_{Na_2S_2O_3}$/(mol/L)			
$V_{Na_2S_2O_3}$/mL			
V_{I_2}/mL			
c_{I_2}/(mol/L)			
$\bar{c}_{I_2}$/(mol/L)			
平均偏差/%			
相对平均偏差/%			

【思考题】

标定 I_2溶液时，既可以用 $Na_2S_2O_3$滴定 I_2溶液，也可以用 I_2滴定 $Na_2S_2O_3$溶液，且都采用淀粉指示剂。但在两种情况下加入淀粉指示剂的时间是否相同？为什么？

【注意事项】

(1) I_2溶液提前一周配制。

(2) $K_2Cr_2O_7$与 KI 的反应需一定的时间才能进行得比较完全，故需放置约 5min。

(3)淀粉指示剂应在临近终点时加入，而不能加入得过早，否则将有较多的 I_2 与淀粉指示剂结合。而这部分 I_2 在终点时解离较慢，造成终点拖后。

实验三十二　铜盐中铜含量的测定

【实验目的】

(1)掌握铜盐中铜的测定原理和碘量法的测定方法。

(2)学习终点的判断和观察。

【实验原理】

在以 HAc 为介质的酸性溶液中(pH 值为 3 ~4)，Cu^{2+} 与过量的 I^- 作用生成不溶性的 CuI 沉淀并定量析出 I_2：

$$2Cu^{2+} + 4I^- \longrightarrow CuI \downarrow + I_2$$

生成的 I_2 用 $Na_2S_2O_3$ 标准溶液滴定，以淀粉为指示剂，滴定至溶液的蓝色刚好消失即为终点。

$$2S_2O_3^{2-} + I_2 \longrightarrow 2I_2 + S_4O_6^{2-}$$

由于 CuI 沉淀表面吸附 I_2 故分析结果偏低，为了减少 CuI 沉淀对 I_2 的吸附，可在大部分 I_2 被 $Na_2S_2O_3$ 溶液滴定后，再加入 KCN 或 KSCN，使 CuI 沉淀转化为更难溶的 CuSCN 沉淀。

$$CuI + SCN^- \longrightarrow CuSCN \downarrow + I^-$$

CuSCN 吸附 I_2 的倾向较小，因而可以提高测定结果的准确度。

根据 $Na_2S_2O_3$ 标准溶液消耗的体积及试样的质量，计算试样中铜的含量。

【实验试剂】

固体药品：Na_2CO_3(分析纯)。

液体药品：$K_2Cr_2O_7$ 标准溶液、1mol/L H_2SO_4 溶液、10% KSCN 溶液、0.1mol/L $Na_2S_2O_3$ 溶液、10% KI、0.5% 的淀粉溶液。

【实验内容】

1. $Na_2S_2O_3$ 溶液的标定

移取 25.00mL 0.02mol/L $K_2Cr_2O_7$ 标准溶液于锥形瓶中，加入 1mol/L H_2SO_4 溶液 15mL、10% KI 溶液 10mL，于暗处放置 5min，加蒸馏水 40mL，用待标定的 $Na_2S_2O_3$ 溶液滴定至浅黄色，加入 1mL 淀粉溶液，继续滴定蓝色刚好消失，即为终点，记录消耗 $Na_2S_2O_3$ 溶液的体积。平行测定 3 次，计算 $Na_2S_2O_3$ 溶液的准确浓度。

2. 样品称量

在分析天平上用减量法准确称取 0.5 ~0.75g(精确 0.1mg) $CuSO_4$ 试样 3 份，分别置于 3 个 250mL 洁净的锥形瓶中，加入 30mL 去离子水溶解。

3. 铜含量的测定

取上述溶解好的样品 1 份，加入 3mL 1mol/L H_2SO_4 溶液和 10% KI 溶液 10mL，立即用

0.1mol/L $Na_2S_2O_3$溶液滴定至浅黄色，加入 1mL 淀粉指示剂，继续滴定至溶液呈浅蓝色，再加 10% KSCN 溶液 5mL，摇匀后，溶液的蓝色加深，再继续用 $Na_2S_2O_3$标准溶液滴定至蓝色刚好消失，即为终点，记录消耗 $Na_2S_2O_3$溶液的体积。平行测定 3 次，计算试样中铜的含量。

【数据记录及处理】

$Na_2S_2O_3$ 溶液的标定

$V_{K_2Cr_2O_7}$/mL		$V_{Na_2S_2O_3}$/mL		$c_{Na_2S_2O_3}$/(mol/L)	$c_{平均浓度}$/(mol/L)	相对偏差/%
V_1		V_1				
V_2		V_2				
V_3		V_3				

铜含量的测定

称量瓶 + 样品/g		样品质量/g	滴定剂用量/mL	Cu 含量/%	Cu 含量平均值/%	相对偏差/%
m_1						
m_2						
m_3						
m_4						

【思考题】

(1)本实验加入 KI 的作用是什么?

(2)本实验为什么要加入 NH_4SCN? 为什么不能过早地加入?

(3)若试样中含有铁，则加入何种试剂以消除铁对测定铜的干扰?

实验三十三　铁矿石中铁含量测定

【实验目的】

(1)掌握重铬酸钾标准溶液的配制及使用。

(2)学习矿石试样的酸溶法和重铬酸钾法测定铁的原理及方法。

(3)了解二苯胺磺酸钠指示剂的作用原理。

【实验原理】

铁矿石经盐酸溶解后，首先在热的浓 HCl 溶液中用 $SnCl_2$溶液还原大部分 Fe^{3+}。为了控制 $SnCl_2$的用量，加入 $SnCl_2$使溶液呈浅黄色(说明这时尚有少量 Fe^{3+})，然后加入 $TiCl_3$溶液，使其少量剩余的 Fe^{3+} 均被还原成 Fe^{2+}。为使反应完全，$TiCl_3$要过量，而过量的 $TiCl_3$溶液即可使溶液中作为指示剂的 Na_2WO_4由无色还原为 W(Ⅴ)，俗称钨蓝，然后用少量的稀 $K_2Cr_2O_7$溶液将过量的钨蓝氧化，使钨蓝恰好消失，从而指示矿石处理预还原的终点。

预处理后，在硫酸－磷酸混酸介质中，以二苯胺磺酸钠为指示剂，用 $K_2Cr_2O_7$ 标准溶液滴定至溶液呈紫色，即达终点。根据 $K_2Cr_2O_7$ 标准溶液消耗的体积及试样的质量，计算试样中铁的含量。

$$Cr_2O_7^{2-} + 6Fe^{2+} + 14H^+ \xlongequal{} Cr^{3+} + 6Fe^{3+} + H_2O$$

$$c_{K_2Cr_2O_7} = \frac{m_{K_2Cr_2O_7}}{M_{K_2Cr_2O_7} \times V_{K_2Cr_2O_7}} \times 1000$$

$$\omega_{Fe} = \frac{6c_{K_2Cr_2O_7} \times V_{K_2Cr_2O_7} \times M_{Fe}}{m_s} \times 100\%$$

【实验试剂】

固体药品：$K_2Cr_2O_7$ 基准物质（140℃干燥 2h）、铁矿石试样。

液体药品：浓 HCl、5% $SnCl_2$ 溶液、$TiCl_3$ 溶液（1∶1）、25% Na_2WO_4、硫酸－磷酸混酸（1∶1）、0.2% 二苯胺磺酸钠。

【实验内容】

1. 试样的处理

准确称取 0.1～0.12g 铁试样，用水湿润后加 5～6mL 浓 HCl，水浴加热至铁屑全部溶解，溶液呈黄色，再加 5～6 滴 $SnCl_2$ 至溶液呈浅黄色，先用 80mL 水稀释，再滴加 1 滴 Na_2WO_4，滴加 $TiCl_3$ 至蓝色，再用滴管滴加稀释了 10 倍的 $K_2Cr_2O_7$ 至蓝色刚刚消失。

2. $K_2Cr_2O_7$ 标准溶液的配制

准确称取 0.9～1.0g（准确至 0.1mg）$K_2Cr_2O_7$ 于小烧杯中，加少量水溶解，定量转移至 250mL 容量瓶中，计算其准确浓度。

3. 试样的测定

将处理后的试样加水稀释至 100mL，加 15mL 硫酸－磷酸混合酸及 5～6 滴二苯胺黄酸钠指示剂，用 $K_2Cr_2O_7$ 标准溶液滴定至溶液呈稳定的紫色即为终点，记录体积消耗 $K_2Cr_2O_7$ 溶液的体积，计算铁屑中铁的质量分数和相对平均偏差。

【数据记录及处理】

编号 实验项目	1	2	3
$K_2Cr_2O_7$ 质量/g			
$K_2Cr_2O_7$ 浓度/（mol/L）			
试样质量/g			
$K_2Cr_2O_7$ 终读数/mL $K_2Cr_2O_7$ 初读数/mL $K_2Cr_2O_7$ 体积/mL			
铁含量/%			
铁的平均含量/%			
相对平均偏差/%			

【思考题】

(1)用 $K_2Cr_2O_7$测铁时，为什么要加入硫酸－磷酸混合酸溶液?

(2)加有 H_2SO_4的 Fe^{2+}待测溶液在空气中放置1h后再滴定，对测定结果有何影响?

【注意事项】

(1)用 $SnCl_2$还原 Fe^{3+}时，溶液温度不能太低，否则反应速度慢，黄色褪去不易观察，易使 $SnCl_2$过量。

(2)用 $TiCl_3$还原 Fe^{3+}时，溶液温度也不能太低，否则反应速度慢，易使 $TiCl_3$过量。

(3)在硫酸－磷酸混酸中铁电对的电极电位降低，Fe^{2+}更易被氧化，故不应放置而应立即滴定。

实验三十四 粗食盐中氯含量的测定(莫尔法)

【实验目的】

(1)掌握莫尔法测定氯离子的方法及原理。

(2)掌握铬酸钾指示剂的正确使用。

【实验原理】

莫尔法是在中性或弱酸性溶液中，以 K_2CrO_4为指示剂，用 $AgNO_3$标准溶液直接滴定待测试液中的 Cl^-。主要反应如下:

$$Ag^+ + Cl^- \xlongequal{\quad} AgCl\downarrow(白色)$$

$$2Ag^+ + CrO_4^{2-} \xlongequal{\quad} Ag_2CrO_4\downarrow(砖红色)$$

由于 AgCl 的溶解度小于 Ag_2CrO_4，所以当 AgCl 定量沉淀后，微过量的 Ag^+即与 $CrO_4{}^{2-}$形成砖红色的 Ag_2CrO_4沉淀，它与白色的 AgCl 沉淀一起，使溶液略带微红色即为终点。根据 NaCl 的质量及消耗的 $AgNO_3$溶液体积，计算 $AgNO_3$溶液的浓度。

$$c_{AgCl} = \frac{c_{NaCl}V_{NaCl}}{V_{AgCl}} \times 10$$

【实验试剂】

固体药品：$AgNO_3$(分析纯)、NaCl(分析纯，使用前在高温炉中于 500～600℃下干燥 2～3h，贮于干燥器内备用。

液体药品：0.5% K_2CrO_4溶液。

【实验内容】

1. 0.05mol/L $AgNO_3$溶液的配制

在台秤上称取2.2g $AgNO_3$溶解于250mL不含 Cl^-离子的去离子水中，将溶液转入细口棕色试剂瓶中，置于暗处，避光保存。

2. 0.05mol/L NaCl 标准溶液的配制

在分析天平上准确地称取干燥的 NaCl 基准物 0.6g(精确 0.1mg)于小烧杯中，加去离子水溶解后，定量转移到200mL容量瓶中，稀释至刻度并摇匀。

3. $AgNO_3$溶液的标定

移取20.00mL NaCl标准溶液于250mL锥形瓶中，加入10mL去离子水和1mL 0.5% K_2CrO_4溶液，在不断摇动下用$AgNO_3$溶液滴定至白色沉淀中出现微红色，即为终点，记录消耗的$AgNO_3$溶液的体积，平行测定3次。计算$AgNO_3$溶液的浓度，其相对平均偏差不大于0.2%。

4. 试样中氯的测定

称取1.6g(精确0.1mg)粗食盐样品于小烧杯中，加50mL去离子水溶解后，定量转移到200mL容量瓶中，稀释至刻度，摇匀。

用移液管移取20.00mL溶液于250mL锥形瓶中，加入10mL去离子水和1mL 0.5% K_2CrO_4溶液，在不断摇动下用$AgNO_3$溶液滴定到白色沉淀中出现微红色，即为终点，记录消耗的$AgNO_3$溶液的体积，平行测定3次。根据样品的质量及消耗$AgNO_3$溶液的体积，计算试样中氯的含量。

必要时进行空白测定，即取20.00mL蒸馏水按上述同样操作测定，计算时应扣除空白测定所耗$AgNO_3$标准溶液之体积。

【数据记录及处理】

$AgNO_3$ 溶液的标定

$m_{(\mathrm{NaCl})}$/g						
$V_{(\mathrm{NaCl})}$/mL		$V_{\mathrm{AgNO_3}}$/mL		$c_{\mathrm{AgNO_3}}$/(mol/L)	$\bar{c}_{\mathrm{AgNO_3}}$/(mol/L)	相对平均偏差/%
V_1		V_1				
V_2		V_2				
V_3		V_3				

粗食盐中氯含量的测定

样品质量/g	序号	$V_{\mathrm{AgNO_3}}$/mL	Cl^-含量/%	Cl^-含量平均值/%	相对平均偏差/%

【思考题】

(1)能否用莫尔法以NaCl标准溶液直接滴定Ag^+？为什么？

(2)做空白测定有何意义？K_2CrO_4浓度大小或用量多少对测定结果有何影响？

【注意事项】

(1)本方法最适宜的pH范围为6.5~10.5；若有铵盐存在，为了避免$Ag(NH_3)_2^+$生成，溶液pH范围应控制在6.5~7.2为宜。

(2)$AgNO_3$见光易分解析出金属银，故需保存在棕色瓶中；$AgNO_3$若与有机物接触，则起还原作用，加热颜色变黑，故勿使 $AgNO_3$ 与皮肤接触。

(3)实验结束后，盛装 $AgNO_3$ 溶液的滴定管应先用蒸馏水冲洗 2～3 次，再用自来水冲洗，以免产生 AgCl 沉淀，难以洗净，含银废液应予以回收，切不能随意倒入水槽。

实验三十五　可溶性硫酸盐中硫含量的测定

【实验目的】

(1)了解晶形沉淀的沉淀条件和沉淀方法。

(2)熟练重量分析法的基本操作技能。

(3)学习可溶性硫酸盐中硫含量的测定原理和方法。

【实验原理】

重量分析法是测定可溶性盐中硫含量或钡含量的经典方法。测定可溶性盐中硫含量时，首先称取一定量的样品溶解，加稀酸酸化，加热至沸，在不断搅动下，慢慢地加入稀、热的 $BaCl_2$ 溶液。SO_4^{2-} 与 Ba^{2+} 反应生成 $BaSO_4$ 晶形沉淀，沉淀经陈化、过滤、洗涤、烘干、炭化、灰化、灼烧后，以 $BaSO_4$ 形式称重，可求出可溶性盐中 S 的含量。

$BaSO_4$ 溶解度很小，组成相当稳定。在过量的沉淀剂存在时，$BaSO_4$ 几乎不溶解。为了防止生成 $BaCO_3$、$BaHPO_4$ 沉淀及 $Ba(OH)_2$ 共沉淀，须在酸性溶液中进行沉淀。同时，适当地提高酸度，增加 $BaSO_4$ 在沉淀过程中溶解度，以降低其相对过饱和度，有利于获得较好的晶形沉淀。通常在 0.05mol/L HCl 溶液中进行沉淀。另外，样品中应不含有酸不溶物、易于被吸附的离子(如 Fe^{3+}，NO_3^- 等离子)和 Pb^{2+}、Sr^{2+} 离子，若含有须要预先处理样品。

本实验测定可溶性硫酸盐中的硫含量，若以 SO_4^{2-} 的质量分数表示：

$$\omega_{SO_4^{2-}} = \frac{m_{BaSO_4} \times M_{SO_4^{2-}}}{m_{样品} \times M_{BaSO_4}} \times 100\%$$

【仪器与试剂】

仪器：分析天平、瓷坩埚(2 个)、坩埚钳(1 把)、定量滤纸、定性滤纸、干燥器(两人合用)。

试剂：2.0mol/L HCl、6.0mol/L HNO_3、10% $BaCl_2$、0.1mol/L $AgNO_3$、可溶性硫酸盐试样。

【实验内容】

1. 空坩埚的恒重

将洁净的坩埚放在 800～850℃马弗炉中灼烧。第一次灼烧 40min，取出，在干燥器中冷却至室温，称量。然后再放入马弗炉灼烧 20min，取出，冷却再称量。这样重复几次，直到两次称量质量之差不超过 0.2mg，就认为坩埚已经恒重。

2. 样品称量

在分析天平上用减量法准确称取 0.2～0.3g(精确 0.1mg)试样 2 份，分别置于 400mL

洁净的烧杯中，加入 25mL 去离子水溶解，再加入 5mL 2.0mol/L HCl 溶液，稀释至约 200mL。加热至接近沸腾。

3. 沉淀的制备

取 5～6mL 10% $BaCl_2$溶液，加去离子水稀释 1 倍，加热至近沸。然后在不断搅拌下，逐滴加入 $BaCl_2$热溶液于试样热溶液中，加完后，静置，待上层溶液澄清后，用 $BaCl_2$溶液检查沉淀是否完全。沉淀完全后，盖上表面皿(不要把玻璃棒拿出)，放置过夜陈化。也可以将沉淀放在水浴或沙浴上，保温 40min，陈化。

4. 沉淀的过滤、洗涤和灼烧

用慢速定量滤纸倾泻法过滤。用热的去离子水洗涤沉淀至无 Cl^- 离子(检查方法可参见 2.6)。用滤纸将沉淀包起来，放入恒重的坩埚中。经烘干、炭化、灰化后，在 800～850℃的马弗炉中灼烧至恒重。计算样品中 S 的含量。

【数据记录与处理】

编号 / 实验项目	1	2
倾出前(称量瓶+试样)质量/g 倾出后(称量瓶+试样)质量/g 取出试样的质量/g		
($BaSO_4$+坩埚)质量/g	(1) (2)	(1) (2)
坩埚质量/g	(1) (2)	(1) (2)
$BaSO_4$ 质量/g		
滤纸灰分质量/g		
$\omega_{SO_4^{2-}}$/%		
$\omega_{SO_4^{2-}}$/%		

【思考题】

(1)为什么要在稀 HCl 介质中沉淀 $BaSO_4$？加入太多 HCl 有何影响？

(2)为什么要在热溶液中沉淀 $BaSO_4$，而要冷却后才能过滤？晶形沉淀为何要陈化？

(3)用倾泻法过滤有何优点？

5.3 综合设计性实验

实验三十六　食醋中酸含量测定

【实验目的】

(1)锻炼学生运用相关理论知识自主设计实验的能力。

(2)培养学生查阅相关资料解决实际问题的能力。

(3)掌握强碱滴定弱酸的滴定过程、指示剂选择和终点的确定方法。

【实验原理】

食用醋主要成分是醋酸HAc(约含3%～5%)，此外还含有少量其他的有机酸，如乳酸等。

已知 HA_C 的 $K_a = 1.8 \times 10^{-5}$，食用白醋中 HA_C 的 $cK_a \geqslant 10^{-8}$，故可在水溶液中用NaOH标准溶液直接准确滴定。

当用0.1mol/L的NaOH溶液滴定时，突跃范围约为pH值7.7～9.7。

凡是变色范围全部或部分落在滴定的突跃范围之内的指示剂，都可用来指示终点。

【实验仪器及用品】

根据需要自选。

【实验内容及要求】

(1)要求计算出NaOH溶液的浓度和标定结果的相对偏差。

(2)通过查阅资料，了解市售白醋的种类及规格，并根据实验室提供的白醋，自己设计一套能准确测量出醋酸含量的方案。要求平行测定3次，并根据实验结果计算该白醋中HAc的含量，结果以"g/100mL"表示，同时计算测定结果的相对偏差。

(3)上交一份完整的实验报告，报告格式及要求可参照1.6。

【数据记录与处理】

合理设计表格，要求能科学地记录和处理实验数据。

【思考题】

(1)标准溶液的浓度应保留几位有效数字?

(2)称取NaOH及邻苯二甲酸氢钾各用什么天平?为什么?

(3)如果已标定的NaOH溶液在保存中吸收了 CO_2，用它来测定HCl的浓度，若以酚酞为指示剂对测定结果有何影响?改用甲基橙指示剂，又如何?

【实验总结】

通过自己查阅资料，设计实验，得出实验结果，谈谈自己的体会和感受。

实验三十七　碱混合物的分析

【实验目的】

(1)锻炼学生运用相关理论知识自主设计实验的能力。

(2)培养学生查阅相关资料并加以运用的能力。

(3)掌握混合碱分析的测定原理、方法和计算。

(4)了解混合指示剂使用及其优点。

【实验原理】

混合碱是 Na_2CO_3 与NaOH或 Na_2CO_3 与 $NaHCO_3$ 的混合物，可采用双指示剂法进行分析，测定各组分的含量。

在混合碱的试液中加入酚酞指示剂，用 HCl 标准溶液滴定至溶液呈微红色。此时试液中所含 NaOH 完全被中和，Na_2CO_3 也被滴定成 $NaHCO_3$。

设消耗 HCl 标准溶液的滴定体积为 V_1(mL)。再加入甲基橙指示剂，继续用 HCl 标准溶液滴定至溶液刚好由黄色变为橙色即为终点。此时 $NaHCO_3$ 被中和成 H_2CO_3。

设消耗 HCl 标准溶液的体积为 V_2(mL)。根据 V_1 和 V_2 可以判断出混合碱的组成。

【实验仪器及用品】

根据需要自选。

【实验内容及要求】

(1)要求计算出 HCl 溶液的浓度和标定结果的相对偏差。

(2)通过实验原理和查阅相关资料，了解混合碱的种类、测定原理及测定方法，并根据实验室提供的混合碱，自己设计一套能准确测量出混合碱含量的方案。要求平行测定 3 次，并根据实验结果计算该混合碱各组分的含量，同时计算测定结果的相对偏差。

(3)上交一份完整的实验报告。

【数据记录与处理】

合理设计表格，要求能科学地记录和处理实验数据。

【思考题】

(1)用双指示剂法测定混合碱组成的方法原理是什么?

(2)采用双指示剂法测定混合碱，试判断下列五种情况下，混合碱的组成?

①$V_1=0$，$V_2>0$；②$V_1>0$，$V_2=0$；③$V_1>V_2$；④$V_1<V_2$；⑤$V_1=V_2$。

【注意事项】

(1)混合碱系 NaOH 和 Na_2CO_3 组成时，酚酞指示剂可适当多加几滴，否则常因滴定不完全使 NaOH 的测定结果偏低，Na_2CO_3 的测定结果偏高。

(2)最好用 $NaHCO_3$ 的酚酞溶液(浓度相当)作对照。在达到第一终点前，不要因为滴定速度过快，造成溶液中 HCl 局部过浓，引起 CO_2 的损失，带来较大的误差，滴定速度也不能太慢，摇动要均匀。

(3)临近终点时，一定要充分摇动，以防形成 CO_2 的过饱和溶液而使终点提前到达。

【实验总结】

通过自己查阅资料，设计实验，得出实验结果，谈谈自己的体会和感受。

实验三十八　胃舒平药片中 Al_2O_3 和 MgO 含量的测定

【实验目的】

(1)学习药剂测定的预处理方法及用返滴定法测定胃舒平药品中 Al_2O_3 和 MgO 含量。

(2)提高学生应用所学知识解决实际问题的能力。

【实验原理】

先将样品溶解，分离弃去水的不溶物质，然后取一份试液，调节 pH 值约为 4，加入定量且过量的 EDTA 溶液，加热煮沸，使 Al^{3+} 与 EDTA 完全反应。

再以二甲酚橙为指示剂，用 Zn 标准溶液返滴定过量的 EDTA 溶液，测定出 Al 的含量。另取一份溶液，调节溶液 pH = 5.5 左右，使 Al^{3+} 生成 $Al(OH)_3$ 沉淀分离后，再调节溶液 pH = 10，以铬黑 T 作为指示剂，用 EDTA 标准溶液滴定滤液中的 Mg^{2+}。

【实验仪器及用品】

根据需要自选。

【实验内容及要求】

(1)要求计算出 EDTA 溶液的浓度和标定结果的相对偏差。

(2)样品处理。通过查阅资料，了解胃舒平药品的成分及规格，做到取用适量的药剂，并对药剂进行测定前的预处理。

(3)镁铝的测定。自己设计至少一套能准确测量出胃舒平药剂镁铝含量的方案。要求平行测定 3 次，计算药剂中 Al_2O_3 和 MgO 的质量分数以及测定结果的相对偏差。

(4)上交一份完整的实验报告。

【数据记录与处理】

合理设计表格，要求能科学地记录实验数据。

【实验总结】

通过自己查阅资料，设计实验，得出实验结果，谈谈自己的体会和感受。

实验三十九 葡萄糖含量的测定

【实验目的】

(1)锻炼学生运用相关理论知识自主设计实验的能力。

(2)培养学生查阅相关资料并加以运用的能力。

(3)掌握间接碘量法的实际应用。

【实验原理】

碘与 NaOH 作用可生成次碘酸钠(NaIO)，葡萄糖($C_6H_{12}O_6$)能定量地被次碘酸钠(NaIO)氧化成葡萄糖酸($C_6H_{12}O_7$)。在酸性条件下，未与葡萄糖作用的次碘酸钠可转变成碘(I_2)析出，因此只要用 $Na_2S_2O_3$ 标准溶液滴定析出的 I_2，便可计算出葡萄糖的含量。

【实验仪器及用品】

根据需要自选。

【实验内容及要求】

(1)要求计算出 I_2溶液的浓度和标定结果的相对偏差。

(2)通过查阅资料，了解葡萄糖注射液的常用规格，做到取用适量的体积。

自己设计至少一套能准确测量出葡萄糖含量的方案。要求平行测定 3 次，计算出葡萄糖质量分数以及测定结果的相对偏差。

(3)上交一份完整的实验报告。

【数据记录与处理】

合理设计表格，要求能科学地记录实验数据。

【思考题】

碘量法主要误差有哪些？如何避免？

【实验总结】

通过自己查阅资料，设计实验，得出实验结果，谈谈自己的体会和感受。

实验四十　粗食盐中氯含量的测定(佛尔哈德法)

【实验目的】

(1)锻炼学生运用相关理论知识自主设计实验的能力。

(2)培养学生查阅相关资料并加以运用的能力。

(3)掌握沉淀滴定法中佛尔哈德法的测定原理及其应用。

【实验原理】

佛尔哈德法是指用铁铵钒[$NH_4Fe(SO_4)_2$]作为指示剂的银量法，该法又可分为用于测定 Ag^+ 含量的直接滴定法和用于测定卤素离子含量的间接滴定法。

在含有 Cl^- 的酸性溶液中，加入一定量过量的 Ag^+ 标准溶液，定量地生成 AgCl 沉淀后，过量的 Ag^+ 以 $NH_4Fe(SO_4)_2$ 为指示剂，用 NH_4SCN 标准溶液返滴定 Ag^+，过量一滴 NH_4SCN 溶液即与 $NH_4Fe(SO_4)_2$ 反应生成血红色的 $FeSCN^{2+}$ 指示终点。

【实验仪器及用品】

根据需要自选。

【实验内容及要求】

(1)要求计算出 NH_4SCN 溶液的浓度和标定结果的相对偏差。

(2)通过查阅资料，自己设计一套能准确测量出试样中氯含量的方案。要求平行测定 3 次，计算出粗食盐质量分数以及测定结果的相对偏差。

(3)上交一份完整的实验报告。

【数据记录与处理】

合理设计表格，要求能科学地记录实验数据。

【思考题】

(1)测定佛尔哈德法 Cl^- 时，为什么要加入石油醚？当用此法测定 I^-、Br^- 时还需要加入石油醚吗？

(2)本实验对介质的酸度有何要求？用哪种酸调节酸度？为什么？

【实验总结】

通过自己查阅资料，设计实验，得出实验结果，谈谈自己的体会和感受。

第 6 章　仪器分析实验

6.1　测定性实验

实验四十一　分光光度计的性能检验

【实验目的】

(1)掌握分光光度计的重现性、波长精度检查等性能检验方法。

(2)学习分光光度计的使用方法。

【实验原理】

分光光度计的性能好坏，直接影响到测定结果的准确性，因此新购仪器或仪器使用一定时间后，均需进行检验调整。为保证分析的灵敏度和准确性，国家计量局规定，对仪器应定期进行检查，检查周期为一年。

为了检查分光系统的质量，可利用镨钕滤光片或高锰酸钾溶液的特征吸收峰值检验波长精度。

同种厚度的吸收池，由于材料及工艺等原因，往往造成透光率的不一致，从而影响测定结果，故在使用时需加以选择配对。

【仪器与试剂】

仪器：可见分光光度计(配镨钕滤光片)、50mL 容量瓶 1 个、2mL 移液管 1 支。

试剂：0. 02mol/L $K_2Cr_2O_7$溶液、0. 2mol/L $KMnO_4$溶液。

【实验内容】

1. 仪器外观检查

仪器所有紧固件应紧固良好，各调节器能正常工作，仪器放置在平稳工作台上，操作时不得有摆动现象，比色皿座应推动自如，无松动、卡住的现象。光束透过各透光孔应畅通无阻。仪器所配比色皿的透光面应光洁，无表面刮痕、擦毛和斑点，任何一面不得有裂纹。

2. 比色皿的配对性

同种厚度的比色皿之间，透光率差应小于 0. 5% 。检查方法如下：

将蒸馏水分别注入厚度相同的几个比色皿中，以其中任意一个比色皿的溶液为参比溶液，在 440nm 波长处分别测定其他各比色皿中溶液的透光率，然后选择相差小于 0.5% 的比色皿配对使用。

3. 重现性

仪器在同一工作条件下（波长 440nm），用同种溶液连续测定 7 次，其透光率最大读数与最小读数之差（极差）应小于 0.5% 。检查方法如下：

以蒸馏水的透光率为 100% ，用同一 $K_2Cr_2O_7$溶液连续测定 7 次，求出极差，如小于 0.5% ，则符合要求。

4. 波长精度的检查

方法一：

可用 $KMnO_4$溶液的最大吸收波长 525nm 为标准，在待测仪器上测绘 $KMnO_4$溶液的吸收曲线。检查方法如下：

取 0.2mol/L 的 $KMnO_4$溶液 0.15mL，用蒸馏水稀释到 50mL。用蒸馏水作为参比溶液，在 460 ~ 570nm 处，每隔 5nm 分别测定吸光度，在坐标纸上绘出吸收曲线。若测得的最大吸收波长在 525 ±1nm 以内，则仪器的波长精度符合使用要求。

方法二：

可用仪器自带的镨钕滤光片在 529nm 和 808nm 处测定其特征吸收峰。检查方法如下：

在透光率状态下，将镨钕滤光片（吸收池盒中，蓝色）放置在吸收池架中，移入光路，将波长调至约 500nm（或 780nm）处，一边缓缓转动波长旋钮，一边观察数字显示器，当显示读数为最小值时，即为镨钕滤光片的吸收峰，读出此时的波长值，波长值应等于 529 ± 2nm（或 808 ±2nm），说明该仪器符合使用要求。

【数据记录与处理】

（1）合理设计表格记录原始数据。

（2）根据测得的透光率计算极差，判断仪器的重现性是否符合要求。

（3）根据 $KMnO_4$溶液的吸光度绘制吸收曲线，找出特征吸收峰，判断仪器是否符合使用要求。

【注意事项】

（1）待测溶液装量应超过比色皿 2/3，但也不宜太满。

（2）如果大幅度改变测试波长时，需要等数分钟后才能正常工作。（因波长大幅度移动时，光能量变化急剧，光电管受光后响应缓慢，需一小段移光响应平衡时间。）

（3）比色皿每次使用完毕后，应立即用蒸馏水洗净，用 95% 乙醇浸泡。如长期不用，擦干后存于比色皿的盒内。

（4）实验过程中注意不要将试液撒入仪器内部，如发生上述情况，应立即清理干净。

（5）仪器使用完毕后，用随机提供的塑料套罩住，在套子内应放数袋硅胶，以免灯室受潮。反射镜发霉或沾污会影响仪器能量。

【思考题】

（1）同种比色皿透光率的差异对测定有何影响？

(2)检查分光光度计的波长精度及重现性对测定有什么实际意义?

实验四十二　邻二氮菲法测定铁离子含量

【实验目的】

(1)掌握用邻二氮菲分光光度法测定铁的原理及方法。

(2)熟练722型分光光度计的使用方法。

(3)掌握吸收曲线和标准曲线的绘制方法。

【实验原理】

分光光度法的理论基础是朗伯-比尔定律，其数学表达式为：$A=\kappa bc$。由于在入射光波长一定时，对某一吸光物质的吸光度是一个常数，当有色溶液的液层厚度一定时，溶液的吸光度只与溶液的浓度成正比，利用分光光度计测出溶液的吸光度，就可以计算出溶液的浓度。

我国目前大多采用邻二氮菲分光光度法测定微量铁，此法准确度高，重现性好。Fe^{2+}在水溶液中与邻二氮菲反应，生成一种橙红色的螯合物。该螯合物很稳定，其稳定常数$K_s=2.0\times10^{21}$，摩尔吸光系数$\kappa=1.1\times10^4$ L/(mol·cm)。邻二氮菲与Fe^{3+}也能生成配位比为3∶1的淡蓝色螯合物，因此在显色前要用盐酸羟胺将溶液中的Fe^{3+}全部还原为Fe^{2+}。Fe^{2+}与邻二氮菲在pH值2~9范围内都能显色，且其颜色与pH无关。为了减少其他离子的影响，通常在微酸性(pH≈5)条件下显色。

本方法的选择性很高，相当于铁含量40倍的Sn^{2+}、Al^{3+}、Ca^{2+}、Mg^{2+}、Zn^{2+}和20倍的Cr^{3+}、Mn^{2+}、PO_4^{3-}以及5倍的Co^{2+}、Cu^{2+}等共存离子均不干扰测定，所以此法应用很广。

【仪器与试剂】

仪器：722型分光光度计(附1cm液槽4个)，比色管10mL6个，滴定管50mL1支，吸量管1mL、2mL、5mL各1支。

试剂：

(1)铁标准溶液100mg/L：准确称取0.8634g $NH_4Fe(SO_4)_2\cdot12H_2O$置于烧杯中，加入20mL 1∶1的HCl和少量$H_2O$，完全溶解后，转移至1000mL容量瓶中，用水稀释至刻度，摇匀。

(2)盐酸羟胺溶液10%(临用时配制)。

(3)邻二氮菲溶液0.15%(临用时配制)：应先加少许乙醇溶液溶解，再用水稀释。

(4)HAc-NaAc溶液或0.1mol/L NaAc溶液。

(5)铁待测溶液。

【实验内容】

1. 绘制吸收曲线

用吸量管吸取1.00mL铁标准溶液置于10mL的比色管中，加入1mL盐酸羟胺溶液，摇匀，再加入1mL邻二氮菲溶液和3mL HAc－NaAc溶液，然后加水稀释至刻度，摇匀。采用蒸馏水为参比溶液，在波长440～560nm之间，每隔5nm测定溶液的吸光度。以入射光的波长为横坐标，吸光度为纵坐标绘制吸收曲线。从吸收曲线上选择测量铁的适宜波长。

2. 标准曲线的绘制

分别用吸量管吸取0.10、0.20、0.30、0.40和0.5mL铁标准溶液于10mL比色管中，各加入1mL盐酸羟胺溶液、1mL邻二氮菲溶液和3mL HAc－NaAc溶液，加水稀释至刻度，摇匀。以蒸馏水为参比溶液，在上述所选择的最大吸收波长下测定各标准溶液的吸光度。以铁的质量浓度为横坐标，吸光度为纵坐标绘制标准曲线。

3. 未知试样溶液的测定

用吸量管吸取1.00mL待测液，置于10mL比色管中，依次加入1mL盐酸羟胺溶液、1mL邻二氮菲溶液和3mL HAc－NaAc溶液，加水稀释至刻度，摇匀。测定方法同标准溶液。从标准曲线上查出稀释后待测液的质量浓度，计算出待测液中铁的质量浓度。

【实验数据及处理】

(1)合理设计表格记录不同波长及相应吸光度。

(2)绘制吸收曲线，并确定最大吸收峰值波长。

(3)记录系列标准溶液浓度及相应的吸光度，绘制吸光度对铁浓度的曲线，从曲线求得试样溶液原始浓度。

【思考题】

(1)实验中加入盐酸羟胺、HAc－NaAc溶液的作用是什么?

(2)根据制备标准曲线测得的数据，判断本次实验所得结果线性如何？分析其原因。

(3)根据实验结果，计算铁(Ⅱ)－邻二氮菲络合物的摩尔吸光系数。

【注意事项】

(1)不能颠倒各种试剂的加入顺序。

(2)读数据时要注意A和T所对应得数据。

(3)最佳波长选择好后不要再改变。

(4)参比溶液在测量过程中不可换。

(5)改变波长，需重新调节透光率。

实验四十三　分光光度法测定六价铬

【实验目的】

(1)学会六价铬的水样预处理及测定方法。

(2)学会各种标准溶液的配制和标定方法。

(3)熟练使用可见光分光光度计。

【实验原理】

铬的化合物常见的价态有三价和六价。在水体中，受水中 pH 值、有机物、氧化还原物质、温度及硬度等条件影响，三价铬和六价铬的化合物可以互相转化。

在酸性溶液中，六价铬与二苯碳酰二肼反应生成紫红色化合物，在波长 540nm 处进行分光光度测定。

本方法适用于地面水和工业废水中六价铬的测定。

【仪器与试剂】

仪器：可见分光光度计、比色皿(1cm)、容量瓶(50mL)、移液管。

试剂：丙酮、硫酸(1∶1)、磷酸(1∶1)、0.2%氢氧化钠溶液、20%尿素溶液、2%亚硝酸钠溶液。

氢氧化锌共沉淀剂：称取硫酸锌($ZnSO_4 \cdot 7H_2O$)8g，溶于 100mL 水中；称取氢氧化钠 2.4g，溶于 120mL 水中。将以上两溶液混合。

铬标准贮备液：称取于 120℃干燥 2h 的重铬酸钾(优级纯)0.2829g，用水溶解，移入 1000mL 容量瓶中，用水稀释至标线，摇匀。每毫升贮备液含 0.100mg 六价铬。

铬标准使用液：吸取 5.00mL 铬标准贮备液于 500mL 容量瓶中，用水稀释至标线，摇匀。每毫升标准使用液含 1.000μg 六价铬。使用当天配制。

二苯碳酰二肼溶液：称取二苯碳酰二肼(简称 DPC，$C_{13}H_{14}N_4O$)0.2g，溶于 50mL 丙酮中，加水稀释至 100mL，摇匀，贮于棕色瓶内，置于冰箱中保存。颜色变深后不能再用。

【实验内容】

1. 水样预处理

(1)对不含悬浮物、低色度的清洁地面水，可直接进行测定。

(2)如果水样有色但不深，可进行色度校正。即另取一份试样，加入除显色剂以外的各种试剂，以 2mL 丙酮代替显色剂，用此溶液为测定试样溶液吸光度的参比溶液。

(3)对浑浊、色度较深的水样，应加入氢氧化锌共沉淀剂并进行过滤处理。

(4)水样中存在次氯酸盐等氧化性物质时会干扰测定，可加入尿素和亚硝酸钠消除。

(5)水样中存在低价铁、亚硫酸盐、硫化物等还原性物质时，可将 Cr^{6+} 还原为 Cr^{3+}，此时，调节水样 pH 值至 8，加入显色剂溶液，放置 5min 后再酸化显色，并以同法作标准曲线。

2. 标准曲线的绘制

取 9 支 50mL 比色管，依次加入 0mL、0.20mL、0.50mL、1.00mL、2.00mL、4.00mL、6.00mL、8.00mL 和 10.00mL 铬标准使用液，用水稀释至标线，加入 1∶1 硫酸 0.5mL 和 1∶1 磷酸 0.5mL，摇匀。加入 2mL 显色剂溶液，摇匀。5～10min 后，于 540nm 波长处，用 1cm 比色皿，以水为参比，测定吸光度并作空白校正。以吸光度为纵坐标，相应六价铬含量为横坐标绘出标准曲线。

3. 水样的测定

取适量(含 Cr^{6+} 少于 50μg)无色透明或经预处理的水样于 50mL 容量瓶中，用水稀释至标线，测定方法同标准溶液。进行空白校正后根据所测吸光度从标准曲线上查得 Cr^{6+} 含量。

【数据记录及处理】

(1)合理设计表格记录原始数据。

(2)根据下式确定出水样中六价铬的含量。

$$c = \frac{m}{V}$$

式中 c——水样中六价铬的含量，mg/L；

m——水样中六价铬的质量，μg；

V——水样体积，mL。

【思考题】

(1)依据本方法测定时，干扰因素有哪些？怎样消除？

(2)怎样保存测定六价铬的水样？为什么？

(3)在测定水样中的六价铬时，加入硫酸和磷酸溶液的目的分别是什么？

【注意事项】

(1)所有玻璃仪器、容器不能用铬酸洗液洗涤。

(2)有机物有干扰，可加高锰酸钾氧化后再测定。

实验四十四 磺基水杨酸合铁(Ⅲ)组成和稳定常数的测定

【实验目的】

(1)掌握用比色法测定配合物的组成和配离子的稳定常数的原理和方法。

(2)进一步学习分光光度计的使用及有关实验数据的处理方法。

【实验原理】

磺基水杨酸(简式为 H_3R)可以与 Fe^{3+} 形成稳定的配合物。配合物的组成随溶液 pH 值的不同而改变。在 pH 值为 2~3、4~9、9~11 时，磺基水杨酸与 Fe^{3+} 能分别形成三种不同颜色、不同组成的配离子。

本实验是测定 pH 值为 2~3 时所形成的红褐色磺基水杨酸合铁(Ⅲ)配离子的组成及其稳定常数。实验中通过加入一定量的 $HClO_4$ 溶液来控制溶液的 pH 值。

由于所测溶液中磺基水杨酸是无色的，Fe^{3+} 溶液的浓度很小，也可认为是无色的，只有磺基水杨酸合铁(Ⅲ)配离子(ML_n)是有色的。

根据朗伯—比耳定律 $A = \kappa bc$ 可知，当波长 λ、溶液的温度 T 及比色皿的厚度 b 均一定时，溶液的吸光度 A 只与有色配离子的浓度 c 成正比。通过对溶液吸光度的测定，可以求出配离子的组成。

本实验采用等摩尔连续变化法，通过分光光度计测定配位化合物的组成。具体操作时，取用摩尔浓度相等的金属离子溶液和配位体溶液，按照不同的体积比（即摩尔数之比）配成一系列溶液，测定其吸光度值。以吸光度值 A 为纵坐标，体积分数（$\frac{V_M}{V_M+V_L}$即摩尔分数，其中，V_M为金属离子溶液的体积，V_L为配位体溶液的体积）为横坐标绘得如图 6-1 所示的曲线，将曲线两边的直线部分延长并相交于 B 点，B 点对应的吸光度值 A_B 最大。由 B 点对应的摩尔分数值，可计算配离子中金属离子与配位体的摩尔数之比，即可求得配离子 ML_n 中配位体的数目 n。

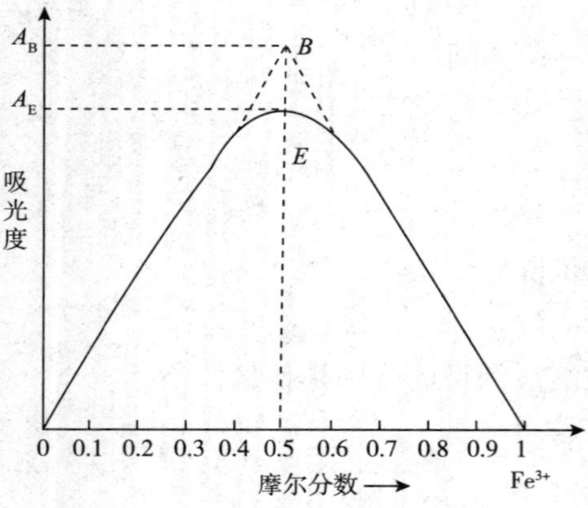

图 6-1　等摩尔连续变化法

图中在 B 点最大吸收处对应的摩尔分数值为 0.5，从而可由体积分数得出 M 和 L 摩尔数比值为 0.5，即：金属离子与配位体摩尔数之比为1∶1。

一般认为，最大吸光度值 B 点处的 M 和 L 全部配合。但由于配离子有一部分解离，其实际浓度要稍低一些，实验测得的最大吸光度值在 E 点，其吸光度为 A_E，则配离子的解离度为：$\alpha=\frac{A_B-A_B}{A_B}$，而当 $n=1$ 时配离子的稳定常数，$K_{稳}=\frac{1-\alpha}{c\alpha^2}$

【仪器与试剂】

仪器：UV2600 型紫外可见分光光度计，烧杯（100mL），容量瓶（50mL、100mL），移液管（10mL），洗耳球，玻璃棒，擦镜纸。

试剂：0.01mol/L $HClO_4$、0.0100mol/L 磺基水杨酸、0.0100mol/L $NH_4Fe(SO_4)_2$。

【实验内容】

1. 溶液的配制

（1）配制 0.0010mol/LFe^{3+}溶液：

用移液管吸取 10.00mL 0.0100mol/L $NH_4Fe(SO_4)_2$ 溶液于 100mL 容量瓶中，用 0.01mol/L$HClO_4$溶液稀释至刻度，摇匀，备用。

（2）配制 0.0010mol/L 磺基水杨酸（H_3R）溶液：

用移液管量取 10.00mL 0.0100mol/L H_3R 溶液于 100mL 容量瓶中，用 0.01mol/L $HClO_4$溶液稀释至刻度，摇匀，备用。

2. 系列配离子（或配合物）溶液吸光度的测定

（1）用移液管按下表的体积移取各溶液，分别注入已编号的 50mL 容量瓶中，用 0.01mol/L $HClO_4$定容到 50mL。

（2）用波长扫描方式对其中的 5 号溶液进行扫描，绘制吸收曲线，确定最大吸收波长。

（3）选取上述所确定的最大吸收波长，在该波长下，分别测定各待测溶液的吸光度。

序号	$HClO_4$ 溶液体积/mL	Fe^{3+} 溶液体积/mL	H_3R 溶液体积/mL	H_3R 摩尔分数	吸光度
1	10.00	10.00	0.00		
2	10.00	9.00	1.00		
3	10.00	8.00	2.00		
4	10.00	7.00	3.00		
5	10.00	6.00	4.00		
6	10.00	5.00	5.00		
7	10.00	4.00	6.00		
8	10.00	3.00	7.00		
9	10.00	2.00	8.00		
10	10.00	1.00	9.00		
11	10.00	0.00	10.00		

【数据记录及处理】

(1)合理设计表格记录原始数据。

(2)以吸光度对磺基水杨酸的摩尔分数作图，从图中找出最大吸收峰，求出配合物的组成和稳定常数。

【思考题】

(1)在测定过程中为什么要加入 $HClO_4$，且其浓度比 Fe^{3+} 浓度大 10 倍?

(2)在测定吸光度时，如果温度变化较大，对测得的稳定常数有何影响?

实验四十五　紫外吸收光谱法测定双组分混合物

【实验目的】

(1)掌握利用联立方程组的方法。

(2)学会吸收光谱互相重叠的双组分体系的含量测定。

【实验原理】

各组分的吸收曲线互有重叠，可根据朗伯－比尔定律及吸光度的加和性原则，通过适当的数学处理来进行测定。具体方法：

在 a 和 b 的最大吸收波长 λ_1 及 λ_2 处(如图 6-2 所示)，分别测定混合物的吸光度 A_{λ_1}、A_{λ_2}，然后解联立方程组，求得出各组分的含量。

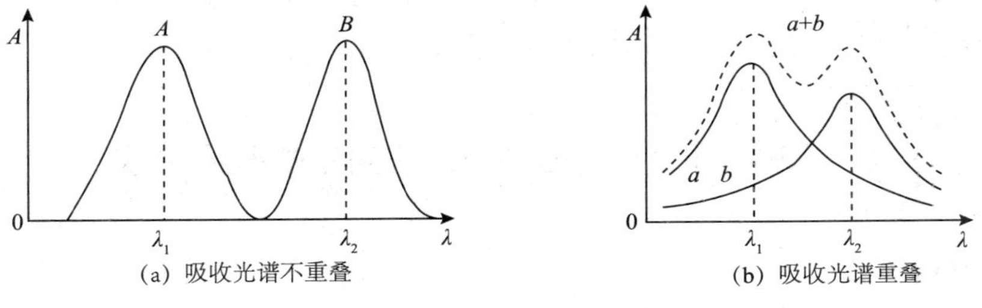

图 6-2　两组分吸收光谱

在 λ_1 处： $A_{\lambda_1}=A_{\lambda_1}^a+A_{\lambda_1}^b=\kappa_{\lambda_1}^a bc_a+\kappa_{\lambda_1}^b bc_b$

在 λ_2 处： $A_{\lambda_2}=A_{\lambda_2}^a+A_{\lambda_2}^b=\kappa_{\lambda_2}^a bc_a+\kappa_{\lambda_2}^b bc_b$

式中 A_{λ_1}，A_{λ_2}——分别为混合液 a + b 在 λ_1、λ_2 处的吸光度；

$A_{\lambda_1}^a$，$A_{\lambda_2}^a$——分别为混合溶液中组分 a 在 λ_1、λ_2 处的吸光度；

$A_{\lambda_1}^b$，$A_{\lambda_2}^b$——混合溶液中组分 b 在 λ_1、λ_2 处的吸光度。

联立求解这两个方程式组成的方程组，即可求得 c_a、c_b。

【仪器与试剂】

仪器：紫外－可见分光光度计、石英比色皿(1cm)、容量瓶(50mL)。

试剂：0.020mol/L $KMnO_4$、0.020mol/L $K_2Cr_2O_7$的贮备溶液。

【实验内容】

1. 制备标准溶液

分别取 $KMnO_4$贮备液于 50mL 容量瓶中，稀释成浓度为 0.0001mol/L、0.0002mol/L、0.0003mol/L、0.0004mol/L、0.0005mol/L；以同样的方法制备 $K_2Cr_2O_7$的标准溶液，浓度分别为 0.0003mol/L、0.0006mol/L、0.0009mol/L、0.0012mol/L、0.0015mol/L。

2. 测量波长的选择

以水作为参比溶液，分别对 $KMnO_4$和 $K_2Cr_2O_7$的标准溶液进行(350～625nm)扫描，分别绘制 $KMnO_4$和 $K_2Cr_2O_7$的标准溶液的吸收曲线，找出最大吸收波长。

3. 吸光度的测定

测定 $KMnO_4$、$K_2Cr_2O_7$标准溶液及样品在测量波长处的吸光度。

(1)在 440nm 测 $K_2Cr_2O_7$标液、样品、$KMnO_4$标液的吸光度。

(2)在 545nm 测 $KMnO_4$标液、样品、$K_2Cr_2O_7$标液的吸光度。

【数据记录及处理】

(1)合理设计表格记录原始数据。

(2)绘制 $KMnO_4$和 $K_2Cr_2O_7$的标准曲线：以吸光度对浓度作图。

(3)计算 $KMnO_4$和 $K_2Cr_2O_7$在波长(440nm 和 545nm)的摩尔吸光系数。

(4)计算样品中 $KMnO_4$和 $K_2Cr_2O_7$的浓度：根据吸光度的加和性，联立方程解求得。

【思考题】

(1)标准曲线法的准确性与什么因素有关?

(2)被测组分浓度范围应控制在它所测量到的吸光度的范围是多少？为什么?

(3)解联立方程组法能否用于溶液中两种以上组分的同时测定?

实验四十六　电位滴定法测定盐酸的浓度

【实验目的】

(1)掌握电位滴定操作方法及确定化学计量点的方法。

(2)学会用电位滴定法测定氢氧化钠和盐酸溶液的浓度。

(3)学会利用二级微商法计算滴定终点体积。

【实验原理】

电位滴定法是一种利用电极电位突跃确定终点的滴定方法。进行电位测定时，随着滴定剂的加入，由于发生化学反应，被测离子或与之有关的离子浓度不断变化，指示电极电位也发生相应的变化，而在化学计量点附近电极电位会产生突变，因此通过测量滴定过程中的电池电极电位的变化，可确定化学计量点。酸碱滴定常用玻璃电极、甘汞电极与被滴定溶液组成电池，以电位值对滴定剂体积 V_T 作图（$E-V_T$ 曲线），根据图上滴定曲线的突跃来确定酸碱滴定的终点。本实验先用邻苯二甲酸氢钾标准溶液标定氢氧化钠溶液，确定其准确浓度；再用氢氧化钠标准溶液标定盐酸溶液，以确定盐酸溶液的准确浓度。

【仪器与试剂】

仪器：酸度计、pH 复合玻璃电极、电磁搅拌器、微量滴定管、移液管、烧杯。

试剂：0.1mol/L NaOH 溶液(实验室标定)、0.1mol/L 盐酸溶液。

【实验内容】

(1)用移液管移取 5.00mL 盐酸溶液于 50mL 滴定烧杯中，加少量去离子水(使电极能浸在溶液中)，插入复合玻璃电极。

(2)用滴定管向上述烧杯中加入 1.00mL NaOH 溶液，待仪器读数稳定后记录读数，设为 E_1，然后再加入 1.00mL NaOH 溶液，待仪器读数稳定后记录读数，设为 E_2，重复上述操作，直到出现滴定突跃，停止滴定。

(3)用移液管另移取 5.00mL 盐酸溶液与 50mL 滴定烧杯中，加少量去离子水(使电极能浸在溶液中)，插入复合玻璃电极，在上述突跃范围内，再次加入 0.10mL NaOH 溶液，待仪器读数稳定后记录读数。重复上述操作，即每加入 0.10mL NaOH 溶液记录溶液的电极电位，直到出现滴定突跃，停止滴定。

【数据记录与处理】

(1)合理设计表格记录原始数据。

(2)用二级微商法计算滴定终点体积，并求出盐酸溶液的准确浓度。

【思考题】

(1)电位滴定法终点确定方法有哪些?

(2)电位滴定法与指示剂滴定法比较优点有哪些?

实验四十七　水中微量氟的测定

【实验目的】

(1)了解用氟离子选择性电极测定水中微量氟的原理和方法。

(2)了解总离子强度调节缓冲溶液的意义和作用。

(3)掌握用标准曲线法和标准加入法测定水中微量氟的方法。

【实验原理】

离子选择性电极是一种化学传感器，它将溶液中特定离子的活度转换成相应的电动势。氟离子选择性电极(简称氟电极)是对溶液中的氟离子有专属性的离子选择电极，该电极由 LaF_3 单晶敏感电极薄膜、Ag - AgCl 内参比电极和 0.1mol/L NaCl - 0.01mol/L NaF 内参比溶液组成。

测定 F^- 浓度的方法与测定 pH 值的方法相似。当氟电极(指示电极)与饱和甘汞电极(参比电极)插入被测溶液中组成原电池时，其电池的电极电位 E 与 F^- 活度的对数值成直线关系：

$$E = K - \frac{2.303RT}{F}\lg a_{F^-}$$

式中 K 值为包括内外参比电极的电极电位、液接电位等的常数。通过测量电池电极电位可以测定 F^- 的活度。当溶液的总离子强度不变时，离子的活度系数为一定值，则：

$$E = K' - \frac{2.303RT}{F}\lg c_{F^-}$$

E 与 F^- 浓度的对数值成直线关系，因此，为了测定 F^- 的浓度，常在标准溶液与试样溶液中同时加入相等的足够量的惰性电解质作总离子强度调节缓冲溶液(TISAB)，使它们的总离子强度相同，并起到控制酸度和掩蔽干扰离子等作用。

氟电极只对游离的 F^- 有响应。在酸性溶液中，H^+ 与部分 F^- 形成 HF 或 HF_2^-，会降低 F^- 的浓度。在碱性溶液中，LaF_3 薄膜与 OH^- 发生交换作用而使溶液中 F^- 浓度增加。因此溶液的酸度会影响测定结果的准确性，一般测定的 pH 值范围为 5 ~ 7。此外，溶液中存在 Al^{3+}、Fe^{3+}、Ca^{2+}、Mg^{2+}、稀土元素等会干扰测定，通常在测定时加入掩蔽剂，如柠檬酸、EDTA 等。

F^- 浓度在 $10^{-1} \sim 10^{-6}$ mol/L 范围内时，电极电位 E 与 pF(F^- 浓度的负对数)成直线关系，可用标准曲线法进行测定。

【仪器与试剂】

仪器：pHS - 25 型酸度计、氟离子选择性电极、饱和甘汞电极。

磁力搅拌器、容量瓶(100mL)、移液管(50mL)、吸量管(1mL，10mL)、聚乙烯烧杯(100mL)。

试剂：0.1000mol/L 氟化钠标准溶液：称取 4.1988g 氟化钠(G.R)，加去离子水溶解并稀释至 1L，摇匀，储于聚乙烯瓶中备用。

TISAB 溶液：于 1000mL 烧杯中，加入 500mL 蒸馏水和 57mL 冰醋酸、58g 氯化钠、12g 柠檬酸钠($Na_3C_6H_5O_7 \cdot 2H_2O$)，搅拌至溶解，溶液 pH 值应在 5.5 ~ 6.5 之间，转入 1000mL 容量瓶中，用蒸馏水稀释至刻度，摇匀。

待测溶液：$10^{-2} \sim 10^{-4}$ mol/L

【实验内容】

1. 氟电极的准备

氟电极使用前应在蒸馏水中浸泡数小时，或在 10^{-3}mol/L NaF 溶液中浸泡 1～2h，再用蒸馏水洗到空白电势为 300mV 左右。电极晶片勿与坚硬物碰擦，晶片上如沾有油污，用脱脂棉依次以乙醇、丙酮轻拭，再用去离子水洗净。连续使用期间的间隙内，可浸泡在水中；长期不用，应清洗至空白电势值后，风干，按要求保存。为防止晶片内侧附着气泡而使电路不通，在电极第一次使用前或测量后，可让晶片朝下，轻击电极杆，以排除晶片上可能附着的气泡。

2. 标准曲线的绘制

(1)系列标准溶液的配制：

取 6 个 50mL 容量瓶并编号，用吸量管移取 5.00mL 0.1000mol/L NaF 标准溶液和 10mL TISAB 溶液于 1 号容量瓶中，用蒸馏水稀释至刻度，摇匀，得 10^{-2}mol/L NaF 标准溶液。然后取 5.00mL 10^{-2}mol/L NaF 标准溶液于第 2 号容量瓶中，加入 9mL TISAB 溶液，用蒸馏水稀释至刻度，摇匀，得 10^{-3}mol/L NaF 标准溶液。类似地，逐级稀释得到一组浓度为 10^{-2}mol/L、10^{-3}mol/L、10^{-4}mol/L、10^{-5}mol/L、10^{-6}mol/L NaF 的标准溶液。

(2)标准曲线的绘制：

用滤纸吸去悬挂在电极上的水滴，然后用电极插入盛有浓度为 10^{-6}mol/L NaF 标准溶液的烧杯中，在磁力搅拌器上缓慢而稳定地搅拌。待读数稳定后，读取电池电极电位。

电极电位的读数应考虑电极达到平衡电位所需的时间，溶液愈稀，响应时间愈长。在实际测量中，可在不断搅拌下作周期性测量，直至观察到稳定的电位。

由稀到浓依次测定 10^{-6}mol/L、10^{-5}mol/L、10^{-4}mol/L、10^{-3}mol/L、10^{-2}mol/L NaF 系列标准溶液的电极电位，测定过程中应经常检查仪器是否处于正常工作。

3. 自来水样的测定

(1)标准曲线法测定：

移取 10mL TISAB 溶液于 50mL 容量瓶中，用自来水样稀释至刻度，摇匀，一次性全部转入干塑料烧杯中，将氟电极复位至空白值，测其电极电位 E_1，从标准曲线求得自来水样的浓度。

(2)标准加入法测定：

在上述实验测量完电极电位 E_1 后，向溶液加入 1.00mL 0.1000mol/L NaF 标准溶液后，再测定其电极电位，记为 E_2，则 $\Delta E = E_2 - E_1$

将以上测出 E_1 和 E_2 之后的溶液，用空白溶液(蒸馏水)稀释一倍后再测定其电极电位 E_3，则电极在试液中实际响应斜率为：

$$S = \frac{E_2 - E_3}{\lg c_2 - \lg c_3} = \frac{E_2 - E_3}{\lg_2} = \frac{E_2 - E_3}{0.301}$$

【数据记录与处理】

合理设计表格记录原始数据，求出自来水试样中 F^- 的准确浓度。

【思考题】

(1)氟离子选择性电极使用时应注意哪些问题?

(2)盛 NaF 标准溶液为什么最好用聚乙烯塑料烧杯?

(3)测量 F^- 标准系列溶液的电势值时，为什么测定顺序要从低含量到高含量?

【注意事项】

(1)用磁力搅拌器搅拌时，试样与标准溶液搅拌速度应相等。

(2)电势平衡时间随 F^- 浓度减小而延长。在同一数量级内测定水样，一般在几分钟内可达平衡，在测定中，待平衡电势在 3min 内无明显变化即可。达到平衡电势所需时间还与电极状态、溶液温度等有关。

实验四十八　自动电位滴定法测定酱油总酸度和氨基酸态氮

【实验目的】

(1)掌握电位滴定法测定氨基酸总量的测定原理和操作要点。

(2)学会自动电位滴定法的基本操作技能。

【实验原理】

氨基酸含有酸性的—COOH，也含有碱性的—NH_2，它们互相作用使氨基酸成为中性的内盐。加入甲醛溶液时，—NH_2 与甲醛结合，其碱性消失。这样就可以用碱来滴定—COOH，并用间接的方法测定氨基酸的含量。

将酸度计的玻璃电极及甘汞电极(或复合玻璃电极)插入被测溶液中构成电池，用碱液滴定，根据酸度计指示的 pH 值判断和控制滴定终点。

pH = 7.0 是溶液中游离氢离子与 NaOH 标准溶液完全反应后的 pH 值，即有效酸度。

pH = 8.2 是溶液中除有效酸度以外的物质与 NaOH 标准溶液完全反应后的 pH 值，即总酸度。

pH = 9.2 是溶液中氨基态氮中的羧基与 NaOH 标准溶液完全反应后的 pH 值。

本实验用的是 pH 值为 8.2 和 9.2 数据。由于酱油还含有总酸度，即使不测定总酸度，也有将总酸中和。用 pH = 8.2 时 NaOH 溶液消耗的体积与 pH = 9.2 时 NaOH 溶液消耗的体积之差计算出样品中氨基态氮含量。

【仪器与试剂】

仪器：自动电位滴定仪、复合玻璃电极、磁力搅拌器、微量滴定管(10mL)。

试剂：pH = 6.86 标准缓冲溶液、pH = 4.00 标准缓冲溶液中性、20% 甲醛、0.05mol/L NaOH 标准溶液。

【实验内容】

1. 仪器校正

开启自动电位滴定仪电源，预热 30min，连接复合玻璃电极。测量缓冲溶液的温度，调节温度补偿旋钮至实际温度。将电极浸入缓冲溶液中，调节定位旋钮，使自动电位滴定仪显示的 pH 值与缓冲溶液的 pH 值相符。校正完后定位调节旋钮不可再旋动，否则必须重新校正。

2. 样品处理

准确称取 5.00g 酱油试样，置于 100mL 容量瓶中，加水至刻度，混匀后吸取 20.00mL，置于 250mL 烧杯中，加 30mL 水，开动磁力搅拌器，用 NaOH 标准溶液滴定至溶液的 pH =8.2，记下消耗 NaOH 标准溶液的体积，计算总酸含量。

3. 氨基酸的滴定

在上述滴定至 pH = 8.2 的溶液中加入 10.00mL 甲醛溶液，混匀，开动磁力搅拌器。继续用 NaOH 标准滴定溶液继续滴定至溶液 pH = 9.2，记下消耗 NaOH 标准溶液的体积 V_1。

4. 空白实验

取 50mL 蒸馏水置于另一个 250mL 烧杯中，先用 NaOH 标准溶液滴定至溶液 pH =8.2（此时不需要记录碱消耗量），再加入 10.00mL 中性甲醛溶液，混匀。继续 NaOH 标准溶液继续滴定至溶液 pH =9.2，记录消耗氢氧化钠标准溶液的体积 V_2。

【数据记录与处理】

原始数据					
第一终点到达时间	第一终点体积（V_1）/mL	第二终点到达时间	第二终点体积（V_2）/mL	总时间	总体积/mL

$$氨基酸态氮(\%) = \frac{(V_1 - V_2) \times c \times 0.014}{m \times 0.020}$$

式中 V_1——样品稀释液在加入甲醛后滴定至终点（pH = 9.2）所消耗的 NaOH 溶液体积，mL；

V_2——空白实验在加入甲醛后滴定至终点（pH = 9.2）所消耗的 NaOH 溶液体积，mL；

c——氢氧化钠标准溶液的浓度，mol/L；

m——测定用样品溶液相当于样品的质量，g；

0.014——氮的毫摩尔质量，mg/mol。

【思考题】

自动电位滴定法与手动滴定法有何区别？

【注意事项】

（1）pH 标准缓冲液按规定配制好以后为避免其 pH 值发生变化，存放时间不应过长，否则将直接影响到滴定终点，最终导致检测结果的不准确。

(2)久置的复合玻璃电极初次使用时，一定要先在饱和 KCl 溶液中浸泡 24h 以上。

(3)本法准确快速，可用于各类样品游离氨基酸含量测定。

(4)对于混浊和颜色较深的试样溶液可不经处理而直接测定。

实验四十九　柱层析分离色素

【实验目的】

(1)初步了解柱层析的基本原理。

(2)学会柱层析基本操作技术。

【实验原理】

柱层析法是色谱法中的一种，它是根据混合物中各组分对固定相的吸附能力以及对洗脱剂(即移动相)的溶解度不同将各组分分离的一种方法。

常用的柱色谱有吸附柱色谱和分配柱色谱两类。

吸附柱色谱通常是在玻璃管中填入表面积很大，经过活化的多孔性物质或粉状固体作为吸附剂(如氧化铝、硅胶等)，当混合物溶液流经吸附柱时，被吸附在柱的上端，然后从柱顶加入洗脱剂洗脱。由于不同化合物在吸附柱上的吸附能力不同，在同一溶剂中的溶解度也不同，因此各组分随溶剂以不同速度下移，形成色带，如图 6-3 所示。

继续用溶剂洗脱，吸附能力最弱的组分就随溶剂首先流出，吸附能力最强的组分在柱中停留时间最长，整个层析过程进行反复的吸附 - 解析 - 再吸附 - 再解吸。用柱层析法可以分别收集各组分，并逐个鉴定。

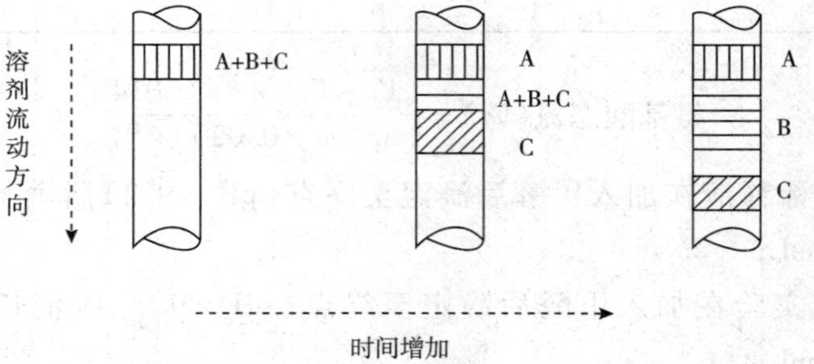

图 6-3　试样组分在柱层析上分离示意图

分配柱色谱是以硅胶、硅藻土和纤维等为载体，吸附量较大的液体作为固定相，而载体只起到支撑作用，本身不参与分离，整个层析过程进行反复的溶解 - 分配 - 再溶解 - 再分配。

本实验采用的是吸附柱色谱法，用中性氧化铝作为吸附剂，分别以 95% 乙醇、水为洗脱剂，对甲基橙和亚甲基蓝的混合溶液进行分离。由于氧化铝是极性吸附剂，对极性较强的甲基橙溶液吸附力较强，对极性较弱的亚甲蓝溶液吸附力较弱，所以在用 95% 乙醇洗脱过程中，亚甲基蓝溶液首先被洗脱，甲基橙溶液留在层析柱的上部。待亚甲基蓝溶液全部出柱后，再用极性更强的水将甲基橙溶液洗脱，实现两种溶液的分离。

【仪器与试剂】

仪器：层析柱、干漏斗、分液漏斗、抽气瓶、水泵或真空泵、脱脂棉。

试剂：95%乙醇、色谱用中性氧化铝(160～200目)、0.01%甲基橙与亚甲蓝的乙醇混合溶液。

【实验内容】

1. 装柱

取一支层析柱玻璃管底部填入少许脱脂棉(0.5cm厚)，并用玻璃棒轻轻压平。用干燥漏斗将氧化铝连续装入柱中至高度约为玻璃管高度的3/4，边装边用手指轻弹玻璃管，使之填充紧密均匀，再在柱顶加一薄层脱脂棉(0.5cm厚或与玻璃管内径相同的滤纸片)。

2. 加样

将上述玻璃管与抽气瓶和水泵相连，打开玻璃管下端活塞，抽气减压，并从柱顶加入95%乙醇溶液直至下端有乙醇流出。当柱顶尚留有1～2mL乙醇时，停止减压，待顶端乙醇液面下降至脱脂棉(或滤纸)层面时，加入甲基橙－亚甲蓝混合溶液1mL。

3. 洗脱、分离

待溶液的上液面与柱上端的脱脂棉层面相平时，立即用0.5mL95%乙醇洗下管壁有色物质，如此2～3次。通过分液漏斗从玻璃管上端加入95%乙醇，并抽气减压，始终保持上端脱脂棉上面有乙醇溶液，至蓝色染料(即甲基蓝)完全洗脱后，停止减压。

将抽气瓶的乙醇溶液倒入回收瓶，改用水做洗脱剂，抽气减压，至黄色染料(即甲基橙)完全洗脱后，停止减压。抽滤液倒入指定的回收瓶中。

倒出柱中的氧化铝，并将柱洗净倒立晾干。

【现象记录与解释】

通过认真仔细的观察实验，记录实验过程，并作出解释说明。

【思考题】

(1)为什么极性大的组分要用极性较大的溶剂洗脱？

(2)在氧化铝柱子上，分离下列两组混合物，组分中哪一个在柱的上端？

① 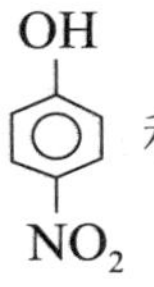 和 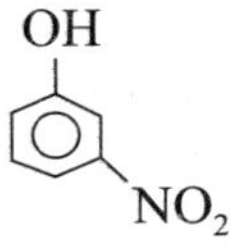

② 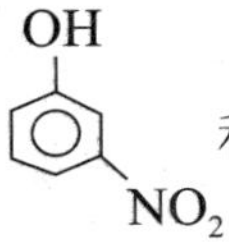 和 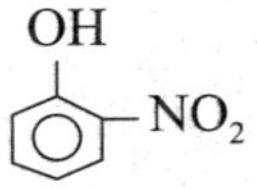

【注意事项】

(1)层析柱填装紧密与否，对分离效果很有影响。若各部分松紧不匀，会影响渗透速度和显色的均匀。

(2)在吸附剂上端加入脱脂棉(或滤纸)是使加样品时不致把吸附剂冲起；在吸附柱下端加脱脂棉可以防止吸附剂细粒流出。

(3)色谱柱的大小取决于被分离物的量和吸附性能，一般要求柱直径为其长度的1/10～1/4。实验室中常用的色谱柱，其直径在0.5～1.0cm之间。

(4)为了保持柱子的均一性，使整个吸附剂浸泡在溶剂或溶液中是必要的，否则当柱中溶剂或溶液流干时，就会使柱身干裂，影响渗透和显色的均一性。

实验五十　纸色谱法分离氨基酸

【实验目的】

(1)了解纸层析法分离试样的原理。

(2)掌握纸色谱的操作方法。

(3)熟悉纸色谱法在分离鉴定方面的应用。

【实验原理】

纸层析法(也称纸色谱法)是一种液－液分配层析。纸层析法是以滤纸为载体，常用的滤纸是由高度纯净的纤维素组成的。纤维素对水和其他极性溶剂有很大的亲和力，并通过氢键的形成紧紧地吸着它们。滤纸上吸附的水(最多可吸附22%)为固定相，与水不相混溶的有机溶剂(展开剂)作为流动相。所需分离的样品点在滤纸条的近底部，滤纸再放入一个密闭的容器中，样品点以下的部分浸在溶剂里。利用纸纤维的毛细管现象，溶剂在含水的滤纸上移动，依靠被分离物质在两相的分配系数不同而达到分离的目的。

样品经层析后，被分离开的各种化合物可通过比较它的R_f值(比移值)来鉴定。其计算方法为：

$$R_f = \text{原点至层析斑点中心的距离}(b)/\text{原点至溶剂前沿的距离}(a)$$

各种物质的R_f值随着被分离化合物的结构、滤纸的种类、溶剂、温度等不同而存在差异。在上述条件固定的情况下，R_f值对某一种物质来说是一个特征常数。所以纸层析是一种简便的微量分析方法，它广泛用于有机化合物的分离、鉴定及定量测定。

【仪器与试剂】

仪器：层析缸(筒形，约10cm×30cm)1个、喷雾器1个、层析滤纸(9cm×20cm)1张、电吹风1个、尺子1把、铅笔1支、毛细管(口径1mm)3支。

试剂：0.2%丙氨酸乙醇溶液、0.2%亮氨酸乙醇溶液、丙氨酸与亮氨酸混合液、1%茚三酮丙酮溶液、展开剂(正丁醇：醋酸：水=4：1：5)。

【实验内容】

1. *层析滤纸的选择*

选用质地均匀、平整无折痕、边缘整齐的层析滤纸1张。在距滤纸一端约2cm处用铅笔轻轻划一横线作起点线，并在横线上标上*A*、*B*、*C*三点，各点之间的距离约2cm，*A*、*C*点不要太靠近滤纸边缘(距边缘1cm以上)，以免产生边缘效应，如图6-4所示。

2. 点样

用管口平整的毛细管蘸取氨基酸混合液轻轻点在 *B* 点上，另取一毛细管蘸取 0.2% 丙氨酸溶液点在 *A* 点上；再取另一支毛细管蘸取 0.2% 亮氨酸溶液点在 *C* 点上，风干，按上述方法重复点样 1 次，每次点样后样点扩散直径不得超过 2～3mm。

3. 展开

于层析缸中注入适量的展开剂，并将点样滤纸垂直地悬挂在层析缸中央，盖好盖。约 20min 后，改变悬挂滤纸的高度，使点样的一端浸入展开剂液面下约 1cm 处，但不能浸至原点上，盖好盖。

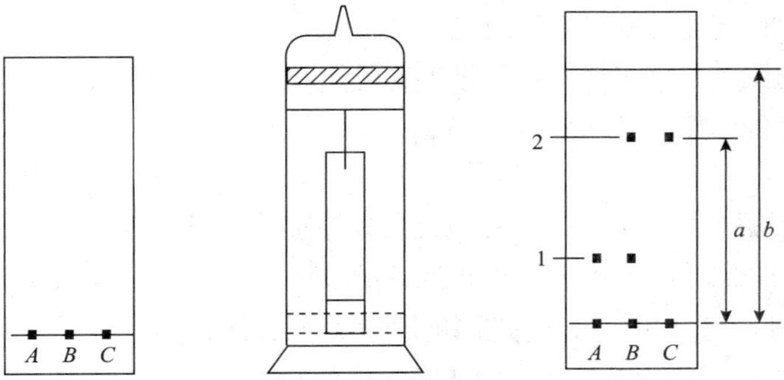

图 6-4　纸层析示意图

1—丙氨酸；2—亮氨酸

4. 显色

当展开剂的前沿位置达到距滤纸上端约 3～4cm 时，小心取出滤纸，趁湿用铅笔划出展开剂前沿位置，然后用电吹风吹干，接着用喷雾器将茚三酮丙酮溶液均匀地喷在滤纸上，再吹干至显色，用铅笔画出斑点的轮廓以供保存。

【数据记录与处理】

计算各种氨基酸的 R_f 值。

【思考题】

(1) R_f 值的意义是什么？哪些因素会影响 R_f 值？

(2) 由实验结果可知亮氨酸的 R_f 值比丙氨酸的 R_f 值大，由此能否判断亮氨酸和丙氨酸的极性哪个大？

【注意事项】

(1) 层析缸的规格、大小可根据实际选择。如无层析缸，也可用特制的烧杯代替。

(2) 层析滤纸的规格、大小可根据实际情况选择。

(3) 如样品浓度较稀，可反复点样几次。

(4) 展开剂可根据样品选择，理想的展开剂溶剂系统应该是：

①分配比值恒定，不随温度而改变；

②各分离物质之间不起化学反应；

③R_f值在 0.05 ~ 0.85 之间。

(5)实验一开始就将展开剂加入层析缸中，再进行其他项操作，这样有利于时间的分配。

(6)用热风吹干显色时温度不宜太高，同时滤纸不能随便与手指接触而被污染。

实验五十一　气相色谱法测定混合醇

【实验目的】

(1)掌握气相色谱法的基本原理和定性、定量分析方法。

(2)学习纯物质对照法定性和归一化法定量分析方法。

(3)了解气相色谱仪的基本结构、性能和操作方法。

【实验原理】

色谱法具有极强的分离效能。气相色谱工作原理：试样被汽化后，随同载气进入色谱柱，由于不同组分在流动相(载气)和固定相间分配系数的差异，当汽化后的试样被载气带入色谱柱中运行时，组分就在其中的两相间进行反复多次分配，由于固定相对各组分的吸附或溶解能力不同，因此各组分在色谱柱中的运行速度就不同，经过一定的柱长后，便彼此分离，按顺序离开色谱柱进入检测器，产生的离子流讯号经放大后，在记录器上描绘出各组分的色谱峰。

利用保留值进行定性分析，利用峰高或峰面积进行定量分析。

【仪器与试剂】

仪器：气相色谱仪、微量注射器 10μL。

试剂：乙醇、正丙醇、异丙醇、正丁醇，均为色谱纯。

【实验内容】

1. 色谱条件

色谱柱：OV－101 弹性石英毛细管柱 25m × 0.32mm。

柱温：150℃；检测器温度：200℃；汽化室温度：200℃。

载气：氮气；流速：60mL/min。

2. 实验内容

开启气源(高压钢瓶或气体发生器)，接通载气、燃气、助燃气。打开气相色谱仪主机电源，打开色谱工作站、计算机电源开关，联机。按上述色谱条件进行条件设置。温度升至一定数值后，进行自动或手动点火。待基线稳定后，用 10μL 微量注射器取 1 ~ 3μL 含有混合醇的水样注入色谱仪，同时按下计时器，记录每一色谱峰的保留时间 t_R。重复测定 3 次。

在相同色谱条件下，取少量(约 0.5μL)纯物质注入色谱仪，每种物质重复做 3 次。记录纯物质的保留时间 t_R。

【数据记录与处理】

1. 纯物对照定性

水样中各峰 t_R/min	峰1			峰2			峰3			峰4		
纯物质 t_R/min	乙醇			正丙醇			异丙醇			正丁醇		
定性结论	峰1			峰2			峰3			峰4		
组分名称												

2. 面积归一化法定量

组分	乙醇	正丙醇	异丙醇	正丁醇
峰高/mm				
半峰宽/mm				
峰面积/mm^2				
含量/%				

将计算结果与计算机打印结果比较。

【思考题】

(1)本实验中是否需要准确进样?为什么?

(2)FID 检测器是否对任何物质都有响应?

实验五十二　气相色谱法检测土壤中有机农药含量

【实验目的】

(1)熟练掌握气相色谱仪的使用方法。

(2)学会利用气相色谱法对有机农药的检测。

【实验原理】

本方法是用有机萃取剂将农药萃取出来，用带有 ECD 检测器的气相色谱仪测定。

【仪器与试剂】

仪器：Agilent 7890 A 型气相色谱仪、电子捕获检测器、HP－5 毛细管柱(30m × 0.25mm × 0.25μm)、1μL 微量注射器、恒温振荡器、离心机、超声波发生器、100mL 碘量瓶、20mL 移液管、离心管、25mL 容量瓶。

试剂：石油醚、丙酮、无水硫酸钠、有机农药、无水乙醇、色谱标准物(菊酯类)。

【实验内容】

1. 试样预处理

准确称取 10g 土壤样品于 100mL 碘量瓶中，加入 20mL 有机萃取剂(石油醚: 丙酮 =

1∶1)，置于恒温振荡器上振荡2h(200r/min)，再用超声波发生仪超声萃取0.5h后，离心分离20min(2000r/min)，用去离子水清洗上清液二次，有机相用无水硫酸钠脱水后浓缩定容至25mL，供气相色谱仪分析。无水硫酸钠脱水柱内柱1cm，长15cm，无水硫酸钠段8cm。

2. 操作条件

载气为氮气，纯度≥99.999%，流速为40mL/min；恒压方式，柱前压50kPa；不分流进样，进样量为1μL；进样口的温度270℃，检测器的温度320℃；柱一级升温程序：初始温度为210℃，保持1min；以10℃/min升至285℃(保持1min)，保持10min，样品全部流出时间为20min。

3. 标准曲线绘制

分别取菊酯类农药混合标准使用液0.4mL、0.8mL、1.2mL、1.6mL、2.0mL于10mL容量瓶中，用正己烷定容，配制0.020mg/L、0.040mg/L、0.060mg/L、0.080mg/L、0.100mg/L标准溶液系列。分别进样1μL，测定峰面积，以质量浓度为横坐标、峰面积为纵坐标绘制标准曲线(存在同分异构体的农药以所出峰的峰面积之和计)。

4. 样品测定

通载气后，启动仪器及计算机，打开工作站软件，设置分析条件，将待测样品瓶置于进样盘中，仪器将自动进样进行分析。

【数据记录与处理】

1. 定性结果

根据标准色谱图各组分的保留时间确定被测试样中的组分数目及组分名称。

2. 定量结果

根据峰面积，从标准曲线上查出农药的质量浓度。

【注意事项】

(1)安装拆卸色谱柱必须在常温下。

(2)气相色谱测定农药含量为微量、痕量测定，要求标准溶液配制时准确量取。

(3)若测得的样品浓度超出标准工作曲线范围，应对样品溶液进行稀释或浓缩操作使样品浓度位于标准工作曲线浓度范围内。

6.2 演示实验

实验五十三 原子吸收分光光度法测定饮用水中的钙

【实验目的】

(1)掌握以原子吸收分光光度法进行定量分析的原理和方法。

(2)了解原子吸收分光光度计的大致结构及使用方法。

【实验原理】

在使用锐线光源和低浓度的情况下，基态原子蒸气对共振线的吸收符合比尔定律：

$$A = \lg(I_0/I) = KLN_0$$

式中　A——吸光度；

I_0——入射光强度；

I——经原子蒸气吸收后的透射光强度；

K——吸光系数；

L——辐射光穿过原子蒸气的光程长度；

N_0——基态原子密度。

当试样原子化，火焰的绝对温度低于3000K时，可以认为原子蒸气中基态原子的数目实际上接近于原子总数。在固定实验条件下，原子总数与试样中被测元素的浓度 c 成正比，上式可记为：$A = K'c$，此式即为原子吸收分光光度法定量分析基础，分析方法可用标准曲线法或标准溶液加入法等。

火焰原子化法是目前应用最广泛的原子化技术，火焰中原子的生成是一个复杂的过程，其最大吸收部位是由该部位的原子生成和消失的速度决定的。它不仅与火焰的类型及喷雾效率有关，而且还与元素的性质及火焰燃气与助燃气的比例有关。为了获得较高的灵敏度，如钙、锶等与氧化合反应较快的碱土金属，在火焰上部的浓度较低，宜选用富燃火焰。

实验测定饮用水中钙的含量，在422.7nm波长处进行测量。

【仪器与试剂】

仪器：GGX－6A型赛曼火焰原子吸收分光光度计、钙空心阴极灯、WM－2A型无油气体压缩机、乙炔钢瓶

试剂：1.000g/L钙的储存标准溶液、100mg/L钙的工作标准溶液

【实验内容】

1. 系列标准溶液的配制

取6个100mL容量瓶，依次加入1.00mL、2.00mL、3.00mL、4.00mL、5.00mL及6.00mL 100mg/L钙的工作标准溶液，用去离子水稀释至刻度，摇匀。

2. 未知试样溶液的配制

取10.00mL饮用水于100mL容量瓶中，用去离子水稀释至刻度，摇匀。

3. 标准加入法工作溶液的配制

取4个100mL容量瓶，各加入10.00mL未知试样溶液，然后依次加入0.00、1.00、2.00、3.00mL 100mg/L的工作标准溶液，用去离子水稀释至刻度，摇匀。

4. 吸光度的测量

按GGX－6A型赛曼火焰原子吸收分光光度计的操作步骤，按顺序分别接通打印机、计算机、原子吸收分光光度计、空气压缩机的电源，调整灯电流为0.5mA，测量波长为422.7nm，光谱通带为0.2nm，空气流量为6.0L/min，调整空心阴极灯的位置及光电倍增

管负高压至能量显示为100左右，打开乙炔钢瓶开关，调整输出压力为1.0MPa，接通乙炔流量为1.0L/min，点火，以去离子水调整吸光度为0，测量按实验步骤1、2、3中所配制的溶液的吸光度。

【数据记录与处理】

(1)以钙系列标准溶液的吸光度绘制标准工作曲线。用未知试样溶液的吸光度，求出饮用水中钙的含量。

(2)以钙的标准加入法工作溶液测得的吸光度绘制工作曲线。将其外推，求得饮用水中钙的含量，并比较结果。

实验五十四　原子发射光谱定性分析

【实验目的】

(1)掌握原子发射光谱定性分析方法的基本原理及基本操作技术。

(2)了解原子发射光谱仪的结构及使用方法。

【实验原理】

每种元素的原子受激发时，将发射出特征谱线。因此，可根据特征谱线对元素进行定性分析。实际上在定性分析中一般选用2~3条最后线来判断某一元素是否存在。

另外，因为铁光谱的各谱线都已精确测定且有标准谱图可查，所以将铁光谱并列摄在试样谱的旁边就可以作为波长标尺来使用。记录光谱的感光板在映谱仪上放大20倍，使感光板上的铁谱与铁的标准光谱图片上的铁光谱线重合，就可以方便地从试样光谱图上记录的谱线来辨认摄得的试样谱线并确定试样元素。

【仪器与试剂】

仪器：31WII型两米光栅原子发射光谱仪、8W映谱仪、铁电极一对($\phi=4$mm)、铝合金棒状电极一对、秒表、紫外Ⅱ型感光板

试剂：显影液(高反差显影粉配置)、定影液(FS酸性坚膜定影液)

【实验内容】

1. 感光板的安装

在暗室的暗红灯光下，起封已载好的感光板，开启暗盒后盖，将感光板装入暗盒(注意：手指触摸感到粗糙的一面朝下)，关好暗盒盖备用。

2. 摄谱仪的工作条件

交流电弧电流4A；狭缝5μm；中心波长3000Å；中间总栏狭缝高1mm；用比较光栏，遮光板3.2mm；曝光时间1min；显影时间5min；温度20℃。

3. 摄谱

装上暗盒，对好光轴，抽出暗盒挡板，按次序摄谱，装上铁电极，调整极距3mm；用哈特曼比较光栏2、5、8位置拍摄铁光谱，在1、3、4位置拍摄试样，曝光条件为1min。

4. 冲洗感光板

(1)显影：将感光板取出(在暗室操作)，将乳剂面朝上放入盛有显影液的磁盘中，轻轻晃动磁盘，显影5min。

(2)停显：将感光板片以清水淋湿使显影停止。

(3)定影：将感光板乳剂面朝上浸入盛有定影液的磁盘中5min。

(4)水洗：以蒸馏水淋洗25min。

(5)干燥：在酒精中浸一下后取出，冷风吹干。

5. 查谱

将谱片长波端放左方，乳剂面向上置于映谱仪谱片台上，调节透镜组至谱线清晰为止。转动拉杆，移动谱片。查找2400～3600Å范围内的谱线，检查下列元素是否存在：

元素	谱线	谱线	谱线	谱线	谱线	谱线	谱线
Al	3082. 115	3092. 713					
Si	2504. 118	2506. 899	2514. 331	2516. 123	2519. 207	2528. 516	2881. 578
Cu	3247. 54	3273. 962					
Mg	2795. 53	2802. 696	2852. 129				
Mn	2794. 817	2798. 271	2801. 063				

实验五十五　高效液相色谱法测定阿司匹林药物中水杨酸含量

【实验目的】

(1)掌握高效液相色谱仪的基本结构及操作方法。

(2)了解高效液相色谱法分离有机化合物的基本原理及操作条件。

(3)了解高效液相色谱法测定阿司匹林药片中水杨酸的方法。

【实验原理】

高效液相色谱仪由储液器、高压泵、进样器、色谱柱、检测器、记录仪等几部分组成，储液器中的流动相被高压泵打入系统，样品溶液经进样器进入流动相，被流动相载入色谱柱内，由于样品溶液中各组分在两相中具有不同的分配系数，在两相中作相对运动，经过反复多次的分配，各组分在移动速度上产生较大的差别，被分离成单个组分依次从柱内流出，通过检测器时，样品浓度被转换成电信号传送到记录仪。

阿司匹林(乙酰水杨酸)为常用的解热抗炎药，并被广泛用于防治心脑血管病。市售阿司匹林泡腾片的成分主要为乙酰水杨酸，辅料有玉米淀粉、碳酸钙、胶体二氧化硅、糖精钠、香精等。由于乙酰水杨酸很容易降解为水杨酸，药物中水杨酸含量测定常被用于阿司匹林药物的质量检测。用液相色谱法可以很好地分离乙酰水杨酸和水杨酸，乙酰水杨酸和水杨酸的含量可以用外标法或标准曲线法进行定量测定。

【仪器与试剂】

仪器：高效液相色谱仪、固定相(C_{18}和多孔硅胶小球)、自动进样器、过滤装置。

试剂：双蒸水、甲醇(色谱纯)、阿司匹林泡腾片(乙酰水杨酸，成品药)、乙酰水杨酸(分析纯)、冰醋酸。

【实验内容】

1. 标准溶液的配制

称取水杨酸标准品 0.1g，精确称量，置于 10mL 量瓶中，加 0.6% 冰醋酸的甲醇水溶液强烈振摇使溶解，并用 0.6% 冰醋酸的甲醇水溶液稀释至刻度，摇匀。然后分别取 20μL、50μL、100μL、150μL、200μL、250μL 于 10mL 容量瓶中，用 0.6% 冰醋酸的甲醇水溶液稀释至刻度，摇匀，用有机相滤膜(孔径：0.45μm)滤过，将适量的滤液放入样品瓶中待测。

2. 阿司匹林溶液的配制

取阿司匹林泡腾片 1 片，充分研细，精密称取细粉适量(约相当于阿司匹林 50mg)，置于 50mL 量瓶中，加 0.6% 冰醋酸的甲醇水溶液强烈振摇使溶解，并用 0.6% 冰醋酸的甲醇水溶液稀释至刻度，摇匀，用有机相滤膜(孔径：0.45μm)滤过，将适量的滤液放入样品瓶中待测。

3. 实验仪器检查

检查电路连接和液路连接正确以后，接通高压泵、检测器和记录仪的电源。

4. 优化色谱条件、设定参数、调节基线到合适位置

固定相：硅胶 - C_{18}

流动相：甲醇/水/冰醋酸 = 70/30/0.6

流量：0.4mL/min

紫外检测波长：295nm

柱温：35℃

5. 样品的测定

待基线平稳后，录入样品信息，进样。自动进样器会精密量取样品滤液 1μL，注射到管路系统中，同时开始计时并记录色谱图，色谱工作站会保存并处理所得的色谱数据。根据实验结果，计算待测样品的浓度。

6. 色谱柱的清洗

分析工作结束后，要清洗进样阀中的残留样品，也要用甲醇溶液来清洗色谱柱。

7. 实验结束

将流速降为 0，待压力降为 0 后关闭仪器(关机顺序与开机顺序相反)，整理打扫试验台。

【实验数据与处理】

(1)根据标准品色谱图的数据，以标准品浓度为横坐标，以峰面积为纵坐标，绘制标准曲线。

(2)根据色谱图的数据，分析样品峰的归属，并利用标准曲线法计算相应的百分含量。

【思考题】

(1)高效液相色谱仪的基本组成有哪几部分?

(2)色谱定性、定量分析的方法有哪些?

【注意事项】

(1)不同的色谱仪器在操作指令上会有所不同。

(2)试验所用到流动相必须用微孔滤膜进行过滤，样品进样前同样需要过滤。

(3)试验结束后，要充分地冲洗色谱柱。

实验五十六　红外光谱法测定简单有机化合物的结构

【实验目的】

(1)了解运用红外光谱法鉴定未知物的一般过程。

(2)掌握用标准谱图进行化合物鉴定的一般方法。

(3)了解红外光谱仪的结构和原理，掌握红外光谱仪的操作方法。

【实验原理】

比较在相同制样和测定条件下，被分析的样品和标准化合物的红外光谱图，若吸收峰的位置、吸收峰的数目和峰的相对强度完全一致，则可以认为两者是同一化合物。

【仪器与试剂】

仪器：TJ270 - 30A 型红外光谱仪、压片和压膜设备、镊子。

试剂：溴化钾粉末(分析纯)、四氯化碳；

已知分子式的未知试样：①C_8H_{10}；②$C_4H_{10}O$；③$C_4H_8O_2$；④$C_7H_6O_2$。

【实验步骤】

1. 压片法

取1 ~2mg 的未知试样粉末，与200mg 干燥的溴化钾粉末(颗粒大小在2μm 左右)在玛瑙研钵中混匀后压片，测绘红外谱图，进行谱图处理(基线校正、平滑、ABEX 扩张、归一化)，谱图检索，确认其化学结构。

2. 液膜法

取1 ~2 滴一定浓度的未知试样四氯化碳溶液，滴加在两个溴化钾晶片之间，用夹具轻轻夹住，测绘红外谱图，进行谱图处理(基线校正、平滑、ABEX 扩张、归一化)，谱图检索，确认其化学结构。

【实验结果处理】

(1)在测绘的谱图上标出所有吸收峰的波数位置。

(2)对确定的化合物，列出主要吸收峰并指认归属。

(3)羰基化合物谱图的主要特征。

(4)芳香烃的特征吸收在什么位置?

6.3 综合设计实验

实验五十七 菠菜叶色素的分离

【实验目的】

(1)锻炼学生运用相关理论知识自主设计实验的能力。

(2)培养学生查阅相关资料并加以运用的能力。

(3)熟悉用色谱法对天然产物进行分离和提取。

【实验原理】

植物绿叶中含有多种天然色素，最常见的有胡萝卜素、叶绿素以及叶黄素等。

本实验是从菠菜叶中提取以上色素，用柱色谱分离后用薄层色谱检测，并测定其中β-胡萝卜素的紫外吸收。

根据色谱柱上不同的色带，判断并确定每一色带是什么色素。

【仪器与试剂】

根据需要自选。

【实验内容】

(1)菠菜叶色素的提取。

(2)柱色谱分离：选择合适的洗脱剂，将色素分离，并接收要测定的色素。

(3)光谱测定。

【数据记录与处理】

(1)记录色谱柱中色谱带的分布。

(2)根据吸光度计算出色素的含量。

【思考题】

(1)根据几种色素的结构说明柱色谱所用的洗脱溶剂。

(2)试说明柱色谱和薄层色谱操作中的注意事项。

【设计提示】

(1)抽滤时不宜太过，稍抽一下即可。

(2)水洗时振摇宜轻，以免造成严重乳化。

(3)叶黄素易溶于醇而在石油醚中溶解度小。菠菜嫩叶中叶黄素含量本来不多，经提取洗涤损失后所剩更少，故在柱色谱中不易分得黄色带，在薄层色谱中点样很淡，有可能观察不到。

【实验总结】

通过自己查阅资料，设计实验，得出实验结果，谈谈自己的体会和感受。

实验五十八 鸡蛋壳中钙含量的测定

【实验目的】

(1)锻炼学生运用相关理论知识自主设计实验的能力。

(2)培养学生查阅相关资料并加以运用的能力。

(3)巩固滴定分析基本操作。

【实验要求】

根据所学知识，提出多套测定方案，包括实验目的、实验仪器材料试剂、设计思想与实验原理、实验内容与步骤数据、表格与处理方法、注意事项等。

实验所需仪器、材料和药品，学生应提前列出，并交给指导教师。

教师通过实验方案，并同意实验后，方可进行进入实验室，进行具体实验。在实验过程中，注意观察有关现象，进行测量，在实验中发现问题、分析问题、解决问题。

通过比较各种实验方案，提出最合适的一种方案。

最后，写出一份完整、合格的实验报告。

实验五十九 关于饮料的设计实验

【实验目的】

(1)为日常饮料设计一个研究方案。

(2)学会为研究项目写出开题报告或计划。

【实验要求】

学生可选择一种或多种饮料进行研究，如咖啡、茶、果汁、葡萄酒、啤酒等。表明你想要回答的有关这一饮料的问题。例如：①与普通咖啡相比，去除咖啡因的咖啡中含多少咖啡因？②茶叶从加工至产品的过程中酸度的变化如何？

当确定了所希望探索的问题后，设计出回答那些问题所需的实验。如在以上所举例中，需要判定测量咖啡中咖啡因的最好方法是什么，或用于滴定茶叶的最好指示剂是什么。

在考虑设计方案时，应包括写出你提出研究项目的背景资料。例如，饮用含咖啡因的饮料对健康有益还是有害？背景资料应该是既增进知识又支持自己的工作。

本实验是用现实生活中的样品进行实验。由于事先不能精确地知道反应物的总量，因此设计和试验的一部分将是确定各种试剂和饮料的使用量。这一部分实验应被认为是学习过程的一部分，并能以更接近于用生产的方式来重复实验。

实验设备和材料依据所选实验而定，并呈交给指导教师一张实验所需原料和设备一览表，并提出预期还可研究的问题。

【设计提示】

1. 维生素 C 的测定

这一分析为滴定分析法的使用。滴定是一种分析技术，是将一定化学计量的标准试剂滴加到待测溶液中，依据标准试剂的量可计算出样品中被分析物的量。

2. 酸性的测定

饮料中的酸具有多种功能，一些是天然的，而另一些是为提味或作为防腐剂而加入的。你认为饮料中存在的酸是一种还是多种？你认为饮料是酸性还是碱性？在你的饮料中酸性的功能是什么？在你的饮料中酸是天然的还是添加的？有些饮料，如橙汁或葡萄汁，能用酚酞作指示剂来测定所含的可滴定酸的总量。在另外的一些饮料中，如可乐，就需要用 pH 滴定法，因为终点时的颜色变化是看不见的。考虑这些因素后，再对你的饮料确定更适合的滴定类型。在一些饮料中，被滴定酸的总量中含有抗坏血酸和柠檬酸。如果在酸碱滴定的同时，也测定了维生素 C，那么从测定酸的总量中减去维生素 C 的量，就是饮料中柠檬酸的量。某些含不只一种酸的饮料可用同样的方法处理。

3. 样品的脱色

通过加入活性炭可以除掉样品中的颜色。由于分析之前溶液将被稀释，所以，应该考虑稀释是否可以使颜色消失。例如，多数溶液在做糖的分析时，经过稀释即完全无色。橙汁和葡萄汁中的维生素 C 滴定分析可见到玫瑰色滴定终点，不需预先脱色。

在实验开始之前，考虑好你所需要的饮料的总量，使其脱色 10% ~20%。往试样中加入少量活性炭，摇荡，然后通过带有凹槽的滤纸重力过滤。如果溶液没有完全脱色，那么要重复以上操作。对难脱色的溶液，加热至沸腾，然后小心地加入少量活性炭，过滤沸腾的溶液。

【注意事项】

(1)学生按 3 ~4 人分组，分工合作，拟定调研方案，实施调查计划。

(2)学生向指导教师提交实验设计方案。方案应包括市场调查情况，拟测定的饮料，拟测饮料中维生素 C 的含量，国标或企标规定值等。

(3)教师审阅设计方案并提出实施建议，学生方可进入实验室实施实验。

实验六十　自选题目实验

【实验目的】

由学生自行选题进行调查、方案设计、实验论证、结论及解释，提交论文或调查报告。

学生可应用化学知识，结合分析化学及化学在生活、社会和生产中的应用实际，查阅文献，选定调研和研究课题，拟定调研研究提纲，进行调查研究。

【仪器与试剂】

根据调研所需自己拟定。

【设计提示】

(1)可进行土壤、水质、大气污染物的定量分析检测。

(2)可对本地区土特产品营养及有害元素分析测试。

(3)人类饮食习惯与健康状况调查分析测试等。

【设计性实验具体的程序和要求】

(1)自由选择实验项目，了解实验课题，明确工作任务，熟悉仪器。

(2)查阅有关资料，提出各种可能的实验，画出必要的原理图，推导出有关的理论公式。通过分析与比较，选择出能够满足实验要求的最佳实验方案。

(3)通过对测量仪器和误差的研究，对实验方法进行分析，确定出最合适的测量方法、测量条件和数据处理方法。

(4)写出一份合格的实验设计方案，对实验方法进行分析。

(5)设计性实验设计方案包括：

实验目的、实验仪器材料试剂、设计思想与实验原理、实验内容与步骤、数据表格与处理方法、注意事项等。

(6)进行具体实验，观察有关现象，进行测量。在实验中发现问题、分析问题、解决问题。

(7)列出实验设备和材料等，并呈交给指导教师一张实验所需原料和设备的一览表。

(8)写出一份完整、合格的实验报告。同学们应在实验方案的选择、实验过程的控制和实验结果的分析上多下工夫。

附 录

附录1 常用酸碱的相对密度和浓度

名 称	化学式	相对密度(20℃)	质量分数/%	摩尔浓度/(mol/L)
浓盐酸	HCl	1.19	36~38	12
浓硫酸	H_2SO_4	1.84	96~98	18
浓硝酸	HNO_3	1.42	65~68	16
浓磷酸	H_3PO_4	1.69	85	15
冰醋酸	CH_3COOH	1.05	99.5	17
冰醋酸	CH_3COOH	1.05	37	6
高氯酸	$HClO_4$	1.67	70~72	12
氢氟酸	HF	1.14	40	22.5
浓氨溶液	$NH_3 \cdot H_2O$	0.90	25~28	15

附录2 常用缓冲溶液的配制

缓冲溶液组成	缓冲溶液 pH 值	配制方法
磷酸盐缓冲液	2.0	甲液：取磷酸 16.6mL，加水至 1000mL，摇匀。乙液：取磷酸氢二钠 71.63g，加水使溶解成 1000mL。取上述甲液 72.5mL 与乙液 27.5mL 混合，摇匀
磷酸盐缓冲液	2.5	取磷酸二氢钾 100g，加水 800mL，用盐酸调节 pH 值至 2.5，用水稀释至 1000mL
磷酸盐缓冲液	5.0	取 0.2mol/L 磷酸二氢钠溶液一定量，用氢氧化钠试液调节 pH 值至 5.0
甲酸钠缓冲液	3.3	取 2mol/L 甲酸溶液 25mL，加酚酞指示液 1 滴，用 2mol/L 氢氧化钠溶液中和，再加入 2mol/L 甲酸溶液 75mL，用水稀释至 200mL，调节 pH 值至 3.25~3.30
醋酸-醋酸钠缓冲液	4.5	取醋酸钠 18g，加冰醋酸 9.8mL，再加水稀释至 1000mL

续表

缓冲溶液组成	缓冲溶液 pH 值	配制方法
醋酸－醋酸钠缓冲液	4.6	取醋酸钠 5.4g，加水 50mL 使其溶解，用冰醋酸调节 pH 值至 4.6，再加水稀释至 100mL
醋酸－醋酸钠缓冲液	6.0	取醋酸钠 54.6g，加 1mol/L 醋酸溶液 20mL 溶解后，加水稀释至 500mL
醋酸－醋酸铵缓冲液	4.5	取醋酸铵 7.7g，加水 50mL 溶解，再加冰醋酸 6mL 与适量的水至 100mL
醋酸－醋酸铵缓冲液	6.0	取醋酸铵 100g，加水 300mL 使其溶解，加冰醋酸 7mL，摇匀
乙醇－醋酸铵缓冲液	3.7	取 5mol/L 醋酸溶液 15.0mL，加乙醇 60mL 和水 20mL，用 10mol/L 氢氧化铵溶液调节 pH 值至 3.7，用水稀释至 1000mL
邻苯二甲酸盐缓冲液	5.6	取邻苯二甲酸氢钾 10g，加水 900mL，搅拌使其溶解，用氢氧化钠试液（必要时用稀盐酸）调节 pH 值至 5.6，加水稀释至 1000mL，混匀
巴比妥缓冲液	7.4	取巴比妥钠 4.42g，加水使溶解并稀释至 400mL，用 2mol/L 盐酸溶液调节 pH 值至 7.4，滤过
氨－氯化铵缓冲液	8.0	取氯化铵 1.07g，加水使溶解，稀释至 100mL，再加稀氨溶液调节 pH 值至 8.0
氨－氯化铵缓冲液	10.0	取氯化铵 5.4g，加水 20mL 溶解后，加浓氨溶液 35mL，再加水稀释至 100mL

附录 3　滴定分析中常用的指示剂

附表 1　酸碱滴定指示剂

指示剂名称	变色范围（pH 值）	颜色变化	配制方法
甲基紫	0.13～0.5（第一次变色范围） 1.0～1.5（第二次变色范围） 2.0～3.0（第三次变色范围）	黄～绿 绿～蓝 蓝～紫	0.1% 的水溶液
甲基橙	3.1～4.4	红～黄	0.1% 的水溶液
甲基红	4.2～6.2	红～黄	0.1g 指示剂溶于 100mL 60% 乙醇溶液中
溴百里酚蓝	6.0～7.6	黄～蓝	（1）0.1g 指示剂溶于 100mL 20% 乙醇溶液中； （2）0.1g 指示剂溶于 3.2mL 0.05mol/L NaOH 中，用水稀释至 100mL
百里酚蓝	1.2～2.8（第一次变色范围） 8.0～9.6（第二次变色范围）	红～黄 黄～蓝	（1）0.10g 指示剂溶于 100mL20% 乙醇溶液中 （2）0.1g 指示剂溶于 3.2mL 0.05mol/L NaOH 中，用水稀释至 100mL
酚酞	8.0～9.6	无色～红	1.0g 指示剂溶于 60% 乙醇溶液中
靛蓝二磺酸钠	11.6～14.0	蓝～黄	0.25g 指示剂溶于 100mL 50% 乙醇溶液中

续表

指示剂名称	变色范围(pH 值)	颜色变化	配制方法
溴酚蓝	3.0～4.6	黄～蓝	0.1g 指示剂溶于 100mL 20% 乙醇溶液中
刚果红	3.0～5.2	蓝紫～红	0.1% 的水溶液
溴甲酚绿	3.8～5.4	黄～蓝	0.1g 指示剂溶于 100mL 20% 乙醇溶液中
溴酚红	5.0～6.8	黄～红	0.1g 或 0.04g 指示剂溶于 100mL 20% 乙醇溶液中
酚红	6.4～8.2	黄～红	0.1g 指示剂溶于 100mL 20% 乙醇溶液中
中性红	6.8～8.0	红～亮黄	0.1g 指示剂溶于 100mL 60% 乙醇溶液中
百里酚酞	9.4～10.6	无色～蓝	0.1g 指示剂溶于 100mL 90% 乙醇溶液中

附表 2　酸碱混合指示剂

指示剂溶液的颜色	变色点 pH 值	颜色		备注
		酸色	碱色	
1 份 0.1% 甲基黄乙醇溶液 1 份 0.1% 次甲基蓝乙醇溶液	3.25	蓝紫	绿	pH3.2 蓝紫 pH3.4 绿色
3 份 0.1% 溴甲酚绿乙醇溶液 1 份 0.2% 甲基红乙醇溶液	5.1	酒红	绿	
1 份 0.2% 甲基红乙醇溶液 1 份 0.1% 次甲基蓝乙醇溶液	5.4	红紫	绿	pH5.2 红紫 pH5.4 暗蓝 pH5.6 绿
1 份 0.1% 溴甲酚绿钠盐水溶液 1 份 0.1% 氯酚红钠盐水溶液	6.1	黄绿	蓝紫	pH5.4 蓝绿 pH5.8 蓝 pH6.2 蓝紫
1 份 0.1% 中性红乙醇溶液 1 份 0.1% 次甲基蓝乙醇溶液	7.0	蓝紫	绿	pH7.0 蓝紫
1 份 0.1% 溴百里酚蓝钠盐水溶液 1 份 0.1% 酚红钠盐水溶液	7.5	黄	绿	pH7.2 暗绿 pH7.4 淡紫 pH76 深紫
1 份 0.1% 甲酚红钠盐水溶液 1 份 0.1% 百里酚蓝水溶液	8.3	黄	紫	pH8.2 玫瑰色 pH8.4 紫色
1 份 0.1% 百里酚蓝 50% 乙醇溶液 3 份 0.1% 酚酞 50% 乙醇溶液	9.0	黄	紫	由黄到绿再到紫
2 份 0.2% 百里酚酞乙醇溶液 1 份 0.1% 茜素黄乙醇溶液	10.2	黄	绿	

附表3 配位滴定指示剂

指示剂名称	用于测定			配制方法
	测定元素	颜色变化	测定条件	
铬黑T(EBT)	Al	蓝~红	pH 7~8，吡啶存在下，以 Zn^{2+} 回滴	(1)与NaCl配成1:100的固体混合物研磨均匀，存储于棕色瓶中；(2)铬黑T0.1g溶于15mL三乙醇胺溶液中，完全溶解后加5mL无水乙醇(此溶液可保存数月不变质)
	Bi	蓝~红	pH 9~10，以 Zn^{2+} 回滴	
	Ca	红~蓝	pH 10，加入EDTA-Mg	
	Cd	红~蓝	pH 10(氨性缓冲溶液)	
	Mg	红~蓝	pH 10(氨性缓冲溶液)	
	Mn	红~蓝	氨性缓冲溶液，加盐酸羟胺	
	Ni	红~蓝	氨性缓冲溶液	
	Pb	红~蓝	氨性缓冲溶液，加酒石酸钾	
	Zn	红~蓝	pH 6.8~10(氨性缓冲溶液)	
二甲酚橙(XO)	Bi	红~黄	pH 1~2(HNO_3 溶液)	0.5%乙醇(或水)溶液
	Cd	红紫~黄	pH 5~6(六亚甲基四胺溶液)	
	Pb	红~黄	pH 5~6(醋酸缓冲溶液)	
	Zn	红~黄	pH 5~6(醋酸缓冲溶液)	
钙指示剂	Ca	酒红~蓝	pH>12(KOH或NaOH溶液)	(1)与NaCl配成1:100的固体混合物研磨均匀，存储于棕色瓶中 (2)取0.5g指示剂加10mL三乙醇胺和90mL乙醇，充分搅拌使其溶解完全(溶液不宜久放)
酸性铬蓝K	Ca	红~蓝	pH 12	0.1%乙醇溶液
	Mg	红~蓝	pH 10(氨性缓冲溶液)	
双硫腙	Zn	红~绿紫	pH 4.5，50%(体积分数)乙醇溶液	0.03%乙醇溶液
吡啶偶氮萘酚(PAN)	Cd	红~黄	pH 6(醋酸缓冲溶液)	0.2%乙醇溶液
	Co	黄~红	醋酸缓冲溶液，70~80℃，以 Cu^{2+} 回滴	
	Cu	紫~黄	pH 10(氨性缓冲溶液)	
		红~黄	pH 6(醋酸缓冲溶液)	
	Zn	粉红~黄	pH 5~7(醋酸缓冲溶液)	
磺基水杨酸	Fe(Ⅲ)	红紫~黄	pH 1.5~2	1%~2%水溶液
铬天青S	Al	紫~黄橙	pH 4(醋酸缓冲溶液)，热	0.4%水溶液
	Cu	蓝紫~黄	pH 6~6.5(醋酸缓冲溶液)	
	Mg	红~黄	pH 10~11(氨性缓冲溶液)	
	Fe(Ⅲ)	蓝~橙	pH 2~3	

附表 4　氧化还原滴定指示剂

指示剂名称	变色电位/V (pH = 0)	颜色变化		溶液配制方法
		氧化态	还原态	
中性红	0.24	红	无色	0.05g 指示剂溶于 100mL60% 乙醇溶液中
二苯胺	0.76	紫	无色	1% 浓硫酸溶液
二苯胺磺酸钠	0.85	紫红	无色	0.5% 水溶液
N - 邻苯氨基苯甲酸	1.08	紫红	无色	0.1g 指示剂加 20mL5% Na_2CO_3 溶液，稀释至 100mL
邻二氮菲 - Fe(Ⅱ)	1.06	浅蓝	红	1.485g 指示剂加 0.965g$FeSO_4$ 溶解，稀释至 100mL(0.025mol/L 水溶液)
5 - 硝基邻二氮菲 - Fe(Ⅱ)	1.25	浅蓝	紫红	1.608g 指示剂加 0.695g$FeSO_4$ 溶解，稀释至 100mL(0.025mol/L 水溶液)
次甲基蓝	0.36	蓝	无色	0.05% 水溶液
淀粉溶液				0.5g 可溶性淀粉，加少许水调成浆状，不断搅拌下注入 100mL 沸水中，微沸 2min，必要时可加入 0.1g 水杨酸防腐

附表 5　沉淀滴定指示剂

指示剂名称	被测离子	滴定剂	滴定条件	颜色变化	配制方法
铬酸钾	Br^-、Cl^-	Ag^+	pH6.5 ~ 10.5	乳白 ~ 砖红	5% 水溶液
铁铵矾	Ag^+	SCN^-	0.1 ~ 1mol/L HNO_3 溶液	乳白 ~ 浅红	HNO_3 溶液(约 40%)
荧光黄	Cl^-	Ag^+	pH7 ~ 10	黄绿 ~ 粉红	0.2% 乙醇溶液
曙红	Br^-、I^-、SCN^-	Ag^+	pH2 ~ 10	橙 ~ 深红	0.5% 水溶液
罗丹明 6G	Ag^+	Br^-	pH2 ~ 3	橙 ~ 红紫	0.1% 水溶液

附录 4　常用元素的相对原子质量表

元素	符号	原子量	元素	符号	原子量	元素	符号	原子量
银	Ag	107.8682	铪	Hf	178.49	铷	Rb	85.4678
铝	Al	26.98154	汞	Hg	200.59	铼	Re	186.207
氩	Ar	39.948	钬	Ho	164.9304	铑	Rh	102.9055
砷	As	74.9216	碘	I	126.9045	钌	Ru	101.07
金	Au	196.9655	铟	In	114.82	硫	S	32.06
硼	B	10.81	铱	Ir	192.22	锑	Sb	121.75
钡	Ba	137.33	钾	K	39.0983	钪	Sc	44.9559

续表

元素	符号	原子量	元素	符号	原子量	元素	符号	原子量
铍	Be	9.01218	氪	Kr	83.80	硒	Se	78.96
铋	Bi	208.9804	镧	La	138.9055	硅	Si	28.0855
溴	Br	79.904	锂	Li	6.941	钐	Sm	150.36
碳	C	12.011	镥	Lu	174.967	锡	Su	118.69
钙	Ca	40.08	镁	Mg	24.305	锶	Sr	87.62
镉	Cd	112.41	锰	Mn	54.9380	钽	Ta	180.9479
铈	Ce	140.12	钼	Mo	95.94	铽	Tb	158.9254
氯	Cl	35.453	氮	N	14.0067	碲	Te	127.60
钴	Co	58.9332	钠	Na	22.98977	钍	Th	232.0381
铬	Cr	51.995	铌	Nb	92.9064	钛	Ti	47.88
铯	Cs	132.9054	钕	Nd	144.24	铊	Tl	204.383
铜	Cu	63.543	氖	Ne	29.179	铥	Tm	168.9342
镝	Dy	162.50	镍	Ni	58.69	铀	U	238.0289
铒	Er	167.26	镎	Np	237.0482	钒	V	50.9415
铕	Eu	151.96	氧	O	15.9994	钨	W	183.85
氟	F	18.998403	锇	Os	190.2	氙	Xe	131.29
铁	Fe	55.847	磷	P	30.97376	钇	Y	88.9059
镓	Ga	69.72	铅	Pb	207.2	镱	Yb	173.04
钆	Gd	157.25	钯	Pd	106.42	锌	Zn	65.38
锗	Ge	72.59	镨	Pr	140.9077	锆	Zr	91.22
氢	H	1.00794	铂	Pt	195.08			
氦	He	4.00260	镭	Ra	226.0254			

附录5 常用化合物摩尔质量表

化合物	M/(g/mol)	化合物	M/(g/mol)	化合物	M/(g/mol)
Ag_3AsO_4	462.52	$FeSO_4 \cdot 7H_2O$	278.01	$(NH_4)_2C_2O_4$	124.10
AgBr	187.77	$Fe(NH_4)_2(SO_4)_2 \cdot 6H_2O$	392.13	$(NH_4)_2C_2O_4 \cdot H_2O$	142.11
AgCl	143.32	H_3AsO_3	125.94	NH_4SCN	76.12
AgCN	133.89	$H_3A_SO_4$	141.94	NH_4HCO_3	79.06
AgSCN	165.95	H_3BO_3	61.83	$(NH_4)_2MoO_4$	196.01

续表

化合物	M/(g/mol)	化合物	M/(g/mol)	化合物	M/(g/mol)
$AlCl_3$	133.34	HBr	80.91	NH_4NO_3	80.04
Ag_2CrO_4	331.73	HCN	27.03	$(NH_4)_2HPO_4$	132.06
AgI	234.77	HCOOH	46.03	$(NH_4)_2S$	68.14
$AgNO_3$	169.87	CH_3COOH	60.05	$(NH_4)_2SO_4$	132.13
$AlCl_3 \cdot 6H_2O$	241.43	H_2CO_3	62.02	NH_4VO_3	116.98
$Al(NO_3)_3$	213.00	$H_2C_2O_4$	90.04	Na_3AsO_3	191.89
$Al(NO_3)_3 \cdot 9H_2O$	375.13	$H_2C_2O_4 \cdot 2H_2O$	126.07	$Na_2B_4O_7$	201.22
Al_2O_3	101.96	$H_2C_4H_4O_4$(丁二酸)	118.09	$Na_2B_4O_7 \cdot 10H_2O$	381.37
$Al(OH)_3$	78.00	$H_2C_4H_4O_6$(酒石酸)	150.09	$NaBiO_3$	279.97
$Al_2(SO_4)_3$	342.14	$H_3C_6H_5O_7 \cdot H_2O$(柠檬酸)	210.14	NaCN	49.01
$Al_2(SO_4)_3 \cdot 18H_2O$	666.41	$H_2C_4H_4O_5$(DL-苹果酸)	134.09	NaSCN	81.07
As_2O_3	197.84	$HC_3H_6NO_2$(DL-a-丙氨酸)	89.10	Na_2CO_3	105.99
As_2O_5	229.84	HCl	36.46	$Na_2CO_3 \cdot 10H_2O$	286.14
As_2S_3	246.03	HF	20.01	$Na_2C_2O_4$	134.00
$BaCO_3$	197.34	HI	127.91	CH_3COONa	82.03
BaC_2O_4	225.35	HIO_3	175.91	$CH_3COONa \cdot 3H_2O$	136.08
$BaCl_2$	208.24	HNO_2	47.01	$Na_3C_6H_5O_7$(柠檬酸钠)	258.07
$BaCl_2 \cdot 2H_2O$	244.27	HNO_3	63.01	$NaC_5H_8NO_4 \cdot H_2O$(L-谷氨酸钠)	187.13
$BaCrO_4$	253.32	H_2O	18.015	NaCl	58.44
BaO	153.33	H_2O_2	34.02	NaClO	74.44
$Ba(OH)_2$	171.34	H_3PO_4	98.00	$NaHCO_3$	84.01
$BaSO_4$	233.39	H_2S	34.08	$Na_2HPO_4 \cdot 12H_2O$	358.14
$BiCl_3$	315.34	H_2SO_3	82.07	$Na_2H_2C_{10}H_{12}O_8N_2$(EDTA 二钠盐)	336.21
BiOCl	260.43	H_2SO_4	98.07	$Na_2H_2C_{10}H_{12}O_8N_2 \cdot 2H_2O$	372.24
CO_2	44.01	$Hg(CN)_2$	252.63	$NaNO_2$	69.00
CaO	56.08	$HgCl_2$	271.50	$NaNO_3$	85.00

续表

化合物	M/(g/mol)	化合物	M/(g/mol)	化合物	M/(g/mol)
$CaCO_3$	100.09	Hg_2Cl_2	472.09	Na_2O	61.98
CaC_2O_4	128.10	HgI_2	454.40	Na_2O_2	77.98
$CaCl_2$	110.99	$Hg_2(NO_3)_2$	525.19	NaOH	40.00
$CaCl_2 \cdot 6H_2O$	219.08	$Hg_2(NO_3)_2 \cdot 2H_2O$	561.22	Na_3PO_4	163.94
$Ca(NO_3)_2 \cdot 4H_2O$	236.15	$Hg(NO_3)_2$	324.60	Na_2S	78.04
$Ca(OH)_2$	74.09	HgO	216.59	$Na_2S \cdot 9H_2O$	240.18
$Ca_3(PO_4)_2$	310.18	HgS	232.65	Na_2SO_3	126.04
$CaSO_4$	136.14	$HgSO_4$	296.65	Na_2SO_4	142.04
$CdCO_3$	172.42	Hg_2SO_4	497，24	$Na_2S_2O_3$	158.10
$CdCl_2$	183.82	$KAl(SO_4)_2 \cdot 12H_2O$	474.38	$Na_2S_2O_3 \cdot 5H_2O$	248.17
CdS	144.47	KBr	119.00	$NiCl_2 \cdot 6H_2O$	237.70
$Ce(SO_4)_2$	332.24	$KBrO_3$	167.00	NiO	74.70
$Ce(SO_4)_2 \cdot 4H_2O$	404.30	KCl	74.55	$Ni(NO_3)_2 \cdot 6H_2O$	290.80
$CoCl_2$	129.84	$KClO_3$	122.55	NiS	90.76
$CoCl_2 \cdot 6H_2O$	237.93	$KClO_4$	138.55	$NiSO_4 \cdot 7H_2O$	280.86
$Co(NO_3)_2$	182.94	KCN	65.12	$Ni(C_4H_7N_2O_2)_2$（丁二酮肟镍）	288.91
$Co(NO_3)_2 \cdot 6H_2O$	291.03	KSCN	97.18	P_2O_5	141.95
CoS	90.99	K_2CO_3	138.21	$PbCO_3$	267.21
$CoSO_4$	154.99	K_2CrO_4	194.19	PbC_2O_4	295.22
$CoSO_4 \cdot 7H_2O$	281.10	$K_2Cr_2O_7$	294.18	$PbCl_2$	278.10
$CO(NH_2)_2$(尿素)	60.06	$K_3Fe(CN)_6$	329.25	$PbCrO_4$	323.19
$CS(NH_2)_2$(硫脲)	76.116	$K_4Fe(CN)_6$	368.35	$Pb(CH_3COO)_2 \cdot 3H_2O$	379.30
C_6H_5OH	94.113	$KFe(SO_4)_2 \cdot 12H_2O$	503.24	$Pb(CH_3COO)_2$	325.29
CH_2O	30.03	$KHC_2O_4 \cdot H_2O$	146.14	PbI_2	461.01
$C_{14}H_{14}N_3O_3SNa$（甲基橙）	327.33	$KHC_2O_4 \cdot H_2C_2O_4 \cdot H_2O$	254.19	$Pb(NO_3)_2$	331.21
$C_6H_5NO_3$（硝基酚）	139.11	$KHC_4H_4O_6$（酒石酸氢钾）	188.18	PbO	223.20
$C_4H_8N_2O_2$（丁二酮肟）	116.12	$KHC_8H_4O_4$（邻苯二甲酸氢钾）	204.22	PbO_2	239.20
$(CH_2)_6N_4$（六亚甲基四胺）	140.19	$KHSO_4$	136.16	$Pb_3(PO_4)_2$	811.54
$C_7H_6O_6S \cdot 2H_2O$（磺基水杨酸）	254.22	KI	166.00	PbS	239.30

续表

化合物	*M*/(g/mol)	化合物	*M*/(g/mol)	化合物	*M*/(g/mol)
C_9H_6NOH (8－羟基喹啉)	145.16	KIO_3	214.00	$PbSO_4$	303.30
$C_{12}H_8N_2 \cdot H_2O$ (邻菲罗啉)	198.22	$KIO_3 \cdot HIO_3$	389.91	SO_3	80.06
$CrCl_3$	158.36	$KMnO_4$	158.03	SO_2	64.06
$Cr(NO_3)_3$	238.01	KNO_3	101.10	$SbCl_5$	299.02
Cr_2O_3	151.99	KNO_2	85.10	Sb_2O_3	291.50
$CuCl$	99.00	K_2O	94.20	Sb_2S_3	339.68
$CuCl_2$	134.45	KOH	56.11	SiF_4	104.08
$CuCl_2 \cdot 2H_2O$	170.48	K_2SO_4	174.25	SiO_2	60.08
$CuSCN$	121.62	$MgCO_3$	84.31	$SnCl_2$	189.60
CuI	190.45	$MgCl_2$	95.21	$SnCl_2 \cdot 2H_2O$	225.63
$Cu(NO_3)_2$	187.56	MgC_2O_4		$SnCl_4$	260.50
CuO	79.54	$Mg(NO_3)_2 \cdot 6H_2O$	112.33	$SnCl_4 \cdot 5H_2O$	350.58
Cu_2O	143.09	$MgNH_4PO_4$	256.41	SnO_2	150.69
CuS	95.61	MgO	137.32	SnS_2	150.75
$CuSO_4$	159.06	$Mg(OH)_2$	40.30	$SrCO_3$	147.63
$CuSO_4 \cdot 5H_2O$	249.68	$Mg_2P_2O_7$	58.32	SrC_2O_4	175.64
$FeCl_2$	126.75	$MgSO_4 . 7H_2O$	222.55	$SrCrO_4$	203.61
$FeCl_2 \cdot 4H_2O$	198.81	$MnCO_3$	246.47	$Sr(NO_3)_2$	211.63
$FeCl_3$	162.21	$MnCl_2 . 4H_2O$	114.95	$ZnCO_3$	125.39
$FeCl_3 \cdot 6H_2O$	270.30	$Mn(NO_3)_2 . 6H_2O$	197.91	ZnC_2O_4	153.40
$FeNH_4(SO_4)_2 \cdot 12H_2O$	482.18	MnO_2	287.04	$ZnCl_2$	136.29
$Fe(NO_3)_3$	241.86	MnS	70.94	$Zn(CH_3COO)_2$	183.47
$Fe(NO_3)_3 \cdot 9H_2O$	404.00	$MnSO_4$	86.94	$Zn(CH_3COO)_2 \cdot 2H_2O$	219.50
FeO	71.85	NO	87.00	$Zn(NO_3)_2$	189.39
Fe_2O_3	159.69	NO_2	151.00	$Zn(NO_3)_2 \cdot 6H_2O$	297.48
Fe_3O_4	231.54	NH_3		ZnO	81.38
$Fe(OH)_3$	106.87	CH_3COONH_4	30.01	ZnS	97.44
FeS	87.91	$NH_2OH \cdot HCl$ (盐酸羟氨)	46.01	$ZnSO_4$	161.54
Fe_2S_3	207.87	NH_4Cl	17.03	$ZnSO_4 \cdot 7H_2O$	287.55
$FeSO_4$	151.91	$(NH_4)_2CO_3$	77.08		

附录6　常见阴、阳离子的鉴定方法

附表6　阴离子鉴定方法

阴离子	鉴定方法	条件及干扰
SO_4^{2-}	试液用6mol/L HCl酸化，加2滴0.5mol/L $BaCl_2$溶液，有白色沉淀$BaSO_4$析出	
SO_3^{2-}	取1滴$ZnSO_4$饱和溶液，加1滴$K_4[Fe(CN)_6]$于白滴板中，即有白色$Zn_2[Fe(CN)_6]$沉淀产生，继续加入1滴$Na_2[Fe(CN)_5NO]$、1滴SO_3^{2-}试液（中性），则白色沉淀转化为红色$Zn_2[Fe(CN)_5NOSO_3]$沉淀	
$S_2O_3^{2-}$	（1）取2滴试液，加2滴2mol/L HCl溶液，加热，白色浑浊出现；	
	（2）取3滴$S_2O_3^{2-}$试液，加3滴0.1mol/L $AgNO_3$溶液，摇动，白色沉淀迅速变黄、变棕、变黑（Ag_2S）	（1）S^{2-}干扰 （2）$Ag_2S_2O_3$溶于过量的硫代硫酸盐中
S^{2-}	（1）取3滴S^{2-}试液，加稀H_2SO_4酸化，用$Pb(Ac)_2$试纸检验放出的气体，试纸变黑；	
	（2）取1滴S^{2-}试液，放白滴板上，加1滴$Na_2[Fe(CN)_5NO]$试剂，溶液变紫色$Na_4[Fe(CN)_5NOS]$	碱性溶液
CO_3^{2-}	加2mol/L HCl，产生的气体通入饱和石灰水，有白色沉淀生成	酸性溶液
PO_4^{3-}	取2滴PO_4^{3-}试液，加入8～10滴钼酸铵试剂，用玻璃棒摩擦器壁，黄色磷钼酸铵生成	（1）酸性溶液，且需加入过量PO_4^{3-}； （2）过量Cl^-和还原剂产生干扰
Cl^-	取2滴Cl^-试液，加6mol/LHNO$_3$酸化，加0.1mol/L^{A}gNO$_3$至沉淀完全，离心分离。在沉淀上加5～8滴氨溶液，搅动，加热，沉淀溶解，再加6mol/L HNO_3酸化，白色沉淀重又出现	
Br^-	取2滴Br^-试液，加入数滴CCl_4，滴入氯水，振荡，有机层显红棕色或金黄色	如氯水过量，生成BrCl，使有机层显淡黄色
I^-	（1）取2滴I^-试液，加入数滴CCl_4，滴加氯水，振荡，有机层显紫色；	（1）在弱碱性、中性或酸性溶液中； （2）过量氯水将使有机层变无色
	（2）在I^-试液中，加HAc酸化，加0.1mol/L $NaNO_2$溶液和CCl_4，振荡，有机层显紫色	Cl^-、Br^-对反应不干扰
NO_2^-	（1）取1滴NO_2^-试液，加6mol/L HAc酸化，加1滴对氨基苯磺酸、1滴α-萘胺，溶液显红紫色；	NO_2^-浓度大时，红紫色很快褪去，生成褐色沉淀或黄色溶液
	（2）同I^-的鉴定方法2。试液用醋酸酸化，加0.1mol/L KI和CCl_4振荡，有机层显红紫色	
NO_3^-	在小试管中滴加10滴饱和$FeSO_4$溶液，5滴NO_3^-试液，然后斜持试管，沿着管壁慢慢滴加浓H_2SO_4，由于浓H_2SO_4密度比水大，沉到试管下面形成两层，在两层液体接触处（界面）有一棕色环[配合物$Fe(NO)SO_4$]	NO_2^-、Br^-、I^-、CrO_4^{2-}有干扰

附表7　阳离子的鉴定方法

阳离子	鉴定方法	条件与干扰
Na^+	取2滴Na^+试液，加8滴醋酸铀酰试剂，放置数分钟，用玻璃棒摩擦器壁，淡黄色的晶状沉淀$UO_2(Ac)_2 \cdot Zn(Ac)_2 \cdot NaAc \cdot 9H_2O$出现	(1)中性或醋酸酸性 (2)Ag^+、Hg^{2+}、Sb^{3+}有干扰，PO_4^{3-}、AsO_4^{3-}能使试剂分解，应预先除去
K^+	取2滴K^+试液，加3滴六硝基合钴酸钠溶液，放置片刻，生成黄色沉淀$K_2Na[Co(NO_2)_6]$	(1)中性微酸性溶液 (2)NH_4^+有干扰
NH_4^+	(1)加3滴2mol/LNaOH溶液，微热，蓝色石蕊试纸变红；	这是NH_4^+的特征反应
NH_4^+	(2)取1滴NH_4^+试液，放在白滴板的圆孔中，加2滴奈氏试剂(K_2HgI_4的NaOH溶液)，生成红棕色沉淀 NH_4^+浓度低时，没有沉淀产生，但溶液呈黄色或棕色	(1)碱性溶液 (2)Fe^{3+}、Co^{2+}、Ni^{2+}、Ag^+、Cr^{3+}等存在干扰
Mg^{2+}	取2滴Mg^{2+}试液，加2滴2mol/L NaOH溶液、1滴镁试剂，沉淀呈蓝色 镁试剂，在碱性环境下呈红色或红紫色，被$Mg(OH)_2$吸附后则呈蓝色	(1)碱性溶液 (2)Ag^+、Hg_2^{2+}、Hg^{2+}、Cu^{2+}、Co^{2+}、Ni^{2+}、Mn^{2+}、Cr^{3+}、Fe^{3+}及大量Ca^{2+}有干扰
Ca^{2+}	取2滴Ca^{2+}试液，滴加饱和$(NH_4)_2C_2O_4$溶液，有白色的CaC_2O_4沉淀形成	(1)中性或碱性中 (2)Mg^{2+}、Sr^{2+}、Ba^{2+}有干扰
Ba^{2+}	取2滴Ba^{2+}试液，加1滴0.1mol/L K_2CrO_4溶液，有$BaCrO_4$黄色沉淀生成	$HAc-NH_4Ac$缓冲溶液
Al^{3+}	取1滴Al^{3+}试液，加2~3滴水、2滴3mol/L NH_4Ac、2滴铝试剂，搅拌，微热片刻，加6mol/L氨水至碱性，红色沉淀不消失	(1)$HAc-NH_4Ac$的缓冲溶液 (2)Cr^{3+}、Fe^{3+}、Bi^{3+}、Cu^{2+}干扰
Cr^{3+}	(1)取3滴Cr^{3+}试液，加6mol/L NaOH溶液直到生成的沉淀溶解，搅动后加4滴3%的H_2O_2，水浴加热，溶液颜色由绿变黄，继续加热直至剩余的H_2O_2分解完，冷却，加6mol/L HAc酸化，加2滴0.1mol/L $Pb(NO_3)_2$溶液，生成黄色$PbCrO_4$沉淀；	(1)在强碱性介质中，H_2O_2将Cr^{3+}氧化为CrO_4^{2-}； (2)形成$PbCrO_4$的反应必须在弱酸性(HAc)溶液中进行
Cr^{3+}	(2)按1法将Cr^{3+}氧化成CrO_4^{2-}，用2mol/L H_2SO_4酸化溶液至pH值2~3，加入0.5mL戊醇(或乙醚)、0.5mL 3% H_2O_2，振荡，有机层显蓝色	pH<1时，蓝色的H_2CrO_6分解
Fe^{3+}	(1)取1滴Fe^{3+}试液放在白滴板上，加1滴$K_4[Fe(CN)_6]$溶液，生成蓝色沉淀；	(1)酸性溶液 (2)Cu^{2+}、Co^{2+}、Ni^{2+}等离子，有干扰
Fe^{3+}	(2)取1滴Fe^{3+}试液，加1滴0.5mol/L NH_4SCN溶液，形成血红色溶液	(1)酸性溶液，不能用HNO_3 (2)F^-、H_3PO_4、$H_2C_2O_4$、酒石酸、柠檬酸以及含有α-或β-羟基的有机酸有干扰
Fe^{2+}	取1滴Fe^{2+}试液在白滴板上，加1滴$K_3[Fe(CN)_6]$溶液，出现蓝色沉淀	反应在酸性溶液中进行

续表

阳离子	鉴定方法	条件与干扰
Mn^{2+}	取 1 滴 Mn^{2+} 试液，加 10 滴水、5 滴 2mol/L HNO_3 溶液，然后加固体 $NaBiO_3$，搅拌，水浴加热，形成紫色溶液	(1)在 HNO_3 或 H_2SO_4 溶液 (2)还原剂有干扰
Zn^{2+}	取 2 滴 Zn^{2+} 试液，调节溶液的 pH = 10，加 4 滴二苯硫腙，水浴温热，生成粉红色沉淀	强碱性
Co^{2+}	取 1 ~ 2 滴 Co^{2+} 试液，加饱和 NH_4SCN 溶液，加 5 ~ 6 滴戊醇溶液，振荡，静置，有机层呈蓝绿色	Fe^{3+} 以及大量的 Ni^{2+}、Cu^{2+} 会干扰
Ni^{2+}	取 1 滴 Ni^{2+} 试液放在白滴板上，加 1 滴 6mol/L 氨水，加 1 滴丁二酮肟，稍等片刻，在凹槽四周形成红色沉淀	(1)在氨性溶液 (2)Fe^{2+}、Pd^{2+}、Cu^{2+}、Co^{2+}、Fe^{3+}、Cr^{3+}、Mn^{2+} 等会干扰
Cu^{2+}	取 1 滴 Cu^{2+} 试液，加 1 滴 6mol/L HAc 酸化，加 1 滴 $K_4[Fe(CN)_6]$ 溶液，红棕色沉淀出现	(1)中性或弱酸性溶液 (2)Fe^{3+} 以及大量的 Co^{2+}、Ni^{2+} 会干扰
Pb^{2+}	取 2 滴 Pb^{2+} 试液，加 2 滴 0.1mol/L K_2CrO_4 溶液，生成黄色沉淀 $PbCrO_4$	(1)HAc 溶液 (2)Ba^{2+}、Bi^{3+}、Hg^{2+}、Ag^{+} 等会干扰
Hg^{2+}	取 2 滴 Hg^{2+} 试液，滴加 0.5mol/L $SnCl_2$ 溶液，出现白色沉淀，继续加过量 $SnCl_2$，不断搅拌，放置 2 ~ 3min，出现灰色沉淀	与 Cl^- 能形成沉淀的阳离子应或与 $SnCl_2$ 起反应的氧化剂会干扰
Sn^{2+}	取 2 滴 Sn^{2+} 试液，加 1 滴 0.1mol/L $HgCl_2$ 溶液，生成白色沉淀，放置 2 ~ 3min，出现灰色沉淀	
Ag^{+}	取 2 滴 Ag^{+} 试液，加 2 滴 2mol/L HCl，搅动，水浴加热，离心分离。在沉淀上加 4 滴 6mol/L 氨水，微热，沉淀溶解，再加 6mol/L HNO_3 酸化，白色沉淀又出现	

附录 7　化学实验仪器清单

附表 8　无机化学实验仪器清单

仪器名称	参考数量	仪器名称	参考数量
6cm 表面皿	1 个	胶头滴管(玻璃)	1 支
15cm 表面皿	1 个	胶头滴管(塑料)	1 支
小试管	5 个	玻璃棒	1 根
大试管	2 个	玻璃漏斗	1 个
离心试管	2 个	1mL 吸量管	1 支
100mL 容量瓶	1 个	500mL 洗瓶	1 个
10mL 量筒	1 个	洗耳球	1 个

续表

仪器名称	参考数量	仪器名称	参考数量
100mL 量筒	1 个	铁架台	1 个
100mL 烧杯	1 个	铁圈	1 个
250mL 烧杯	2 个	石棉网	1 块
500mL 烧杯	1 个	移液管架	1 个
试管夹	1 个	试管架	1 个
酒精灯	1 个	蝴蝶夹	1 个
蒸发皿	1 个	铁三角	1 个
250mL 玻璃细口瓶*	若干	500mL 烧杯*	若干
500mL 玻璃细口瓶*	若干	干燥器*	2 个
250mL 塑料细口瓶*	若干	称量瓶*	若干
500mL 容量瓶*	若干	水浴锅*	4 个
1000mL 容量瓶*	若干	托盘天平*	4 台
30mL 滴瓶*	若干	5L 玻璃细口瓶*	3 个
口取纸*	若干	称量纸*	若干
剪刀*	2 把	镊子*	2 把

附表 9　分析化学实验仪器清单

仪器名称	参考数量	仪器名称	参考数量
50mL 酸式滴定管	1 支	6cm 表面皿	1 个
50mL 碱式滴定管	1 支	15cm 表面皿	1 个
25mL 移液管	1 支	胶头滴管(玻璃)	1 支
10mL 移液管	1 支	胶头滴管(塑料)	1 支
5mL 吸量管	1 支	玻璃棒	1 根
1mL 吸量管	1 支	玻璃漏斗	1 个
250mL 容量瓶	2 个	瓷坩埚(带盖)	2 个
100mL 容量瓶	1 个	500mL 洗瓶	1 个
250mL 锥形瓶	3 个	洗耳球	1 个
10mL 量筒	1 个	铁架台	1 个
100mL 量筒	1 个	铁圈	1 个
100mL 烧杯	2 个	石棉网	1 块
250mL 烧杯	1 个	移液管架	1 个
500mL 烧杯	1 个	酒精灯	1 个
铁三角	1 个	蝴蝶夹	1 个
250mL 玻璃细口瓶*	若干	500mL 烧杯*	若干

续表

仪器名称	参考数量	仪器名称	参考数量
500mL 玻璃细口瓶*	若干	5L 塑料细口瓶*	2 个
250mL 塑料细口瓶*	若干	称量瓶*	若干
500mL 容量瓶*	若干	水浴锅*	4 个
1000mL 容量瓶*	若干	托盘天平*	4 台
30mL 滴瓶*	若干	分析天平*	10 台
5L 玻璃细口瓶*	3 个	干燥器*	3 个
口取纸*	若干	称量纸*	若干
剪刀*	2 把	镊子*	2 把

附表 10 仪器分析实验仪器清单

仪器名称	参考数量	仪器名称	参考数量
10mL 比色管	5 个	铁架台	1 个
1mL 吸量管	1 支	蝴蝶夹	1 支
10mL 吸量管	1 支	层析柱	1 支
10mL 量筒	1 个	标本缸	每 2 组一个
50mL 容量瓶	5 只	电吹风	自带
50mL 酸式滴定管	1 支	尺子	自带
50mL 碱式滴定管	1 支	铅笔	自带
50mL 塑料烧杯	4 只	玻璃棒	1 根
100mL 塑料烧杯	1 只	250mL 烧杯	1 只
毛细管	若干	层析滤纸(9cm×20cm)	若干
电导率仪*	4 台	抽气瓶*	6 个
雷磁 25 型酸度计*	4 台	脱脂棉*	若干
离子计*	2 台	喷雾器*	若干
722 型分光光度计*	6 台	真空泵*	2 台
气相色谱仪*	1 台	复合电极，氟电极，饱和甘汞电极*	各 4 个
原子吸收分光光度计*	1 台	高效液相色谱仪*	1 台
红外光谱仪*	1 台	紫外—可见分光光度计*	1 台

注：(1)实验 2 人一组，实验仪器按组发放，公用仪器实验室特定位置摆放。

(2)附录 7 带 * 为准备实验所需仪器，不发放给学生。

参考文献

[1]高职高专化学教材编写组．无机化学实验[M].2版．北京：高等教育出版社，2006.

[2]高职高专化学教材编写组．分析化学实验[M].3版．北京：高等教育出版社，2010.

[3]卢建国，曹凤云．基础化学实验[M]．北京：清华大学出版社，2012.

[4]张力庆．无机及分析化学实验[M]．浙江：浙江大学出版社，2011.

[5]王明国，侯振菊．分析化学实验[M]．北京：石油工业出版社，2008.

[6]叶芬霞．无机及分析化学实验[M].2版．北京：高等教育出版社，2014.

[7]郁桂云，钱晓荣．仪器分析实验教程[M].2版．上海：华东理工大学出版社，2015.

[8]王世平．现代仪器分析实验技术[M]．北京：科学出版社，2015.

[9]奚旦立，孙裕生，刘秀英．环境检测[M].3版．北京：高等教育出版社，2004.

[10]高职高专化学教材编写组．分析化学[M].4版．北京：高等教育出版社，2014.